陽のあたる場所や日陰など
いくつかの環境に池を作った
家
2019年。
池がほしいと思ってから
数年。
一月、二月、三月、
産卵なし。
この池で産卵が無ければ、この辺のヤマアカガエルは絶滅だろうか・・・
流出しないので
ヒメダカ
トロ舟
荒木田土
園芸用の網トレー一部をカットして階層構造にしたもの
2020年3月!!
ついにヒキガエルが産卵!!
ウオオオ
めちゃくちゃ長い!!
こんなにうれしいことはない
2021年
池の増設
自分が手を加えた環境が生物に選ばれたということが嬉しすぎる。
2022年2月!! ついに!!
ヤマアカガエルが産卵!!
ガハハ
なしとげたぜ
ヤマアカの卵塊は手に取るとくずれる
オタマジャクシはヒキガエルより大きい
池の周りにやってきた様々な生物
アキアカネ
ヤゴ
ツグミ
池のオタマを食べに来た!! 良い自然観察ができた!!
オオシオカラトンボ
ミギワバエかなという水面で藻とかを食べるハエ!!
コレの仲間に「セキユバエ」という原油の上で生きるハエがいるらしい!!
幼虫は原油の中で生きてるヤベー!
メジロ　かわいい
「めじろおし」の語源
この環境がワシが死んだあとも続いてくれると良いなあ
ウーム
アメンボ
水の虫で一番有名なやつ!!感動
「これ カメムシっぽくね?」と思って調べたら実はカメムシ目で、「分類面白い!」となった。
ハナアブの幼虫
かわいい
キジバト
池の水を飲みに来た
スズメ
チュチュチュ
チュチュチュチュ
チュチュチュチュ

最近トンボ
見なくなったなぁ

街全体が庭になる!?

そもそも
ビオトープって何?

メダカを飼ってみたい

そんなあなたに

自宅で湿地帯ビオトープ

＼楽しい！／

水を眺めてるだけで落ち着く

生き物が好き

ベランダしかないけど

環境問題が心配

湿地帯ビオトープには、動植物がやってきます。
その往来が、庭（ベランダ）とその外側との境界線をあいまいにします。
すると自然に、暮らす地域、暮らす地球を思うようになります。
ビオトープは、時とともに移ろいます。
この楽しみに、終わりはありません。

自宅に小さな水辺をつくる
（ベランダでもOK!）

楽しい！

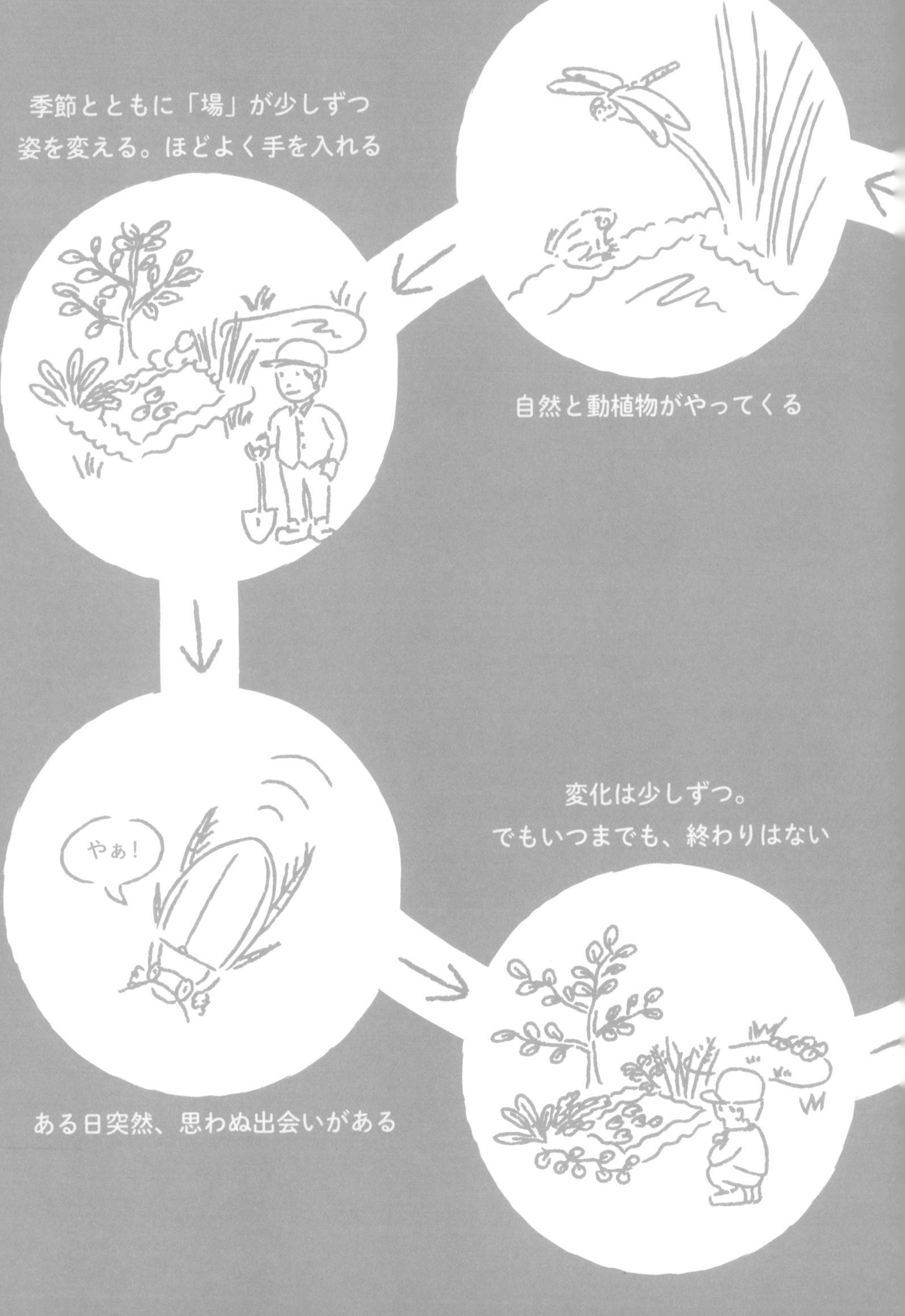
自然と動植物がやってくる
季節とともに「場」が少しずつ
姿を変える。ほどよく手を入れる
やぁ!
ある日突然、思わぬ出会いがある
変化は少しずつ。
でもいつまでも、終わりはない

はじめに

自宅に池や湿地があったら楽しいだろうな、と思ったことがある人は少なくないのではないでしょうか。私は淡水魚や水生昆虫の生態学や分類学、あるいはそうした生物の保全対策を専門とする研究者ですが、幼少時から身近な水辺とそこで暮らす生き物がとても大好きで、小学生の時の卒業アルバムに書いた将来の夢は「でっか～い池をつくる」でした。そして、数年前にはあまり大きくはありませんが、念願の池と湿地帯を庭につくりました。

本書を手に取ってしまった方々は、いつか池や湿地帯をつくりたいという野望を秘めて生きているのだと思います。あるいはすでにつくってしまっている人もいるかもしれません。しかし、どうせ湿地帯をつくるのであれば、少しでも何かよいものにしたいとは思いませんか。

近年、「生物多様性の保全」が、非常に重要な社会的課題となっています。これまでに多

くの生物が、人の手で絶滅させられてきたことを知っている人は多くいるでしょう。こうした一種ずつの絶滅の積み重ねにより、近年ではついに人間社会にも実害が生じるようになってきました。アサリが採れなくなった、サケやウナギが採れなくなった、というニュースを見たことを覚えている人がいるかもしれません。これはまさに生物多様性が失われたことによる環境問題です。

いきなり難しい展開になって申し訳ありません。

本書はこうした問題の解決に「あまり難しいことを考えずに」、わずかでも貢献できるような湿地帯ビオトープをつくってみようというものです。そういう湿地帯ビオトープを自宅につくることは決して難しくはありません。最低限のポイントを押さえることで、生物多様性の保全につながる、環境によい、楽しい、美しい湿地帯ビオトープを自宅に得ることができるのです。家に帰ったら湿地帯がある暮らしが欲しい。本書はそうした人たちに向けて制作しました。湿地帯ビオトープとともに暮らすおだやかでにぎやかな日々を手に入れましょう。

オイカワ丸こと 中島 淳

もくじ

プロローグ1　まんが・オオワラビオトープはこうしてできた……2
プロローグ2　そんなあなたに自宅で湿地帯ビオトープ……4
はじめに……8

序章　はじめの知識

湿地帯ビオトープが目指すもの……17
湿地帯と生き物の関係
ビオトープが生物多様性を守る
外来種には気をつけよう
column　外来種の基礎知識……25
エコトーンなくして語れない……27
「エコトーン」って何？
column　エコトーンと生物の生活史……30
庭先から地球を見渡そう……31
生物多様性の4つの価値

氾濫原湿地と二次的自然環境
他にもある湿地帯ビオトープの機能

1章　つくってみよう！

方針決めと材料集め …… 38
A　何も入れない湿地帯ビオトープ
B　動植物が流出しにくい湿地帯ビオトープ
C　動植物が流出しやすい湿地帯ビオトープ

column　湿地帯生物の移動能力 …… 45
野外で材料を集めるには？

実際のつくり方 …… 49
A　防水シートを使った湿地帯ビオトープ
B　コンテナを埋めてつくる湿地帯ビオトープ
C　コンテナを使った湿地帯ビオトープ
D　小型の睡蓮鉢を使った湿地帯ビオトープ

ビオトープの周辺設備 …… 54
雨水浸透桝

雨水タンク
つくった後の維持管理
column 希少種を守る役割……56
Q&A こんなときには？……57

2章 すばらしきビオトープ探訪

自宅① 明るい湿地がメインの複合型 中島 淳……62
自宅② 住宅地にカエルが卵を産みに来る 大童澄瞳……65
自宅③ 山間の湿原を切り取ったような 平澤 桂……68
自宅④ 小川が流れる庭を現実に 斉藤雄太……71
自宅⑤ 睡蓮鉢の壮観な湿地〝帯〟 かれっくす……74
みんなのビオトープ ツイッターで見つけたすばらしい湿地帯ビオトープたち……77
絶対に、世界に一つだけ……79
これがワシらが考えた、最強のビオトープだ！……80
「最強ビオトープ」解説……82

出かけて見る ① 井の頭池　東京都三鷹市……84
出かけて見る ② 田無神社・龍神池　東京都西東京市……86
出かけて見る ③ 横沢入里山保全地域　東京都あきる野市……88
出かけて見る ④ 北九州市響灘ビオトープ　福岡県北九州市若松区……90
出かけて見る ⑤ 北九州市立山田緑地のガマの池　福岡県北九州市小倉北区……92
出かけて見る ⑥ 手光ビオトープ　福岡県福津市……94
出かけて見る ⑦ アイランドシティはばたき公園　福岡県福岡市東区……96
出かけて見る ⑧ 海の中道海浜公園・環境共生の森のビオトープ　福岡県福岡市東区……98

野生の湿地帯を見てみよう……100

3章　湿地帯ビオトープの生き物図鑑

図鑑の見方……106

動物

1 フタバカゲロウ／2 ホソミオツネントンボ／3 アオイトトンボ……107
4 キイトトンボ／5 クロイトトンボ／6 アジアイトトンボ／7 ギンヤンマ……108
8 コノシメトンボ／9 ショウジョウトンボ／10 ウスバキトンボ／11 ハラビロトンボ……109
12 ヨツボシトンボ／13 シオカラトンボ／column ビオトープ最強の捕食者……110

ビオトープでよく見るヤゴの区別 …… 111
14 ミズカマキリ／15 エサキコミズムシ／16 マツモムシ …… 112
17 コマツモムシ／18 ミズカメムシ／19 ヒメイトアメンボ／20 ケシカタビロアメンボ …… 113
21 アメンボ／22 コセアカアメンボ／23 ヒメアメンボ／24 コガシラミズムシ …… 114
25 チビゲンゴロウ／column ケシカタビロアメンボを探せ！ …… 115
26 マメゲンゴロウ／27 ヒメゲンゴロウ／28 ハイイロゲンゴロウ／29 コシマゲンゴロウ …… 116
30 ゴマフガムシ／31 コガムシ／32 ヒメガムシ／33 キイロヒラタガムシ …… 117
34 ユスリカ類／35 ハナアブ類／column ボウフラハンター・ハイイロゲンゴロウ …… 118
36 その他の水際の昆虫類／37 ヌマエビ類／38 ミズムシ …… 119
39 マルタニシ／40 カワニナ／41 モノアラガイ／42 ヒラマキミズマイマイ …… 120
43 その他の動物／column 湿地帯ビオトープをつくると現れる？ …… 121
44 モツゴ／45 タモロコ／46 ドジョウ／47 ミナミメダカ …… 122
48 ヒキガエル／49 ニホンアマガエル／50 ニホンアカガエル／51 ヌマガエル …… 123

水まわりの生き物（無脊椎動物）の見分け方 …… 124

column 湿地帯ビオトープに来たらすごい！
（カスミサンショウウオ／ゲンゴロウ／ミズスマシ／シュレーゲルアオガエル／タガメ） …… 126

植物

1 デンジソウ／2 ジュンサイ／3 コウホネ／4 セキショウ …… 127
05 クロモ／6 トチカガミ／7 ミズオオバコ／8 コナギ …… 128
09 ハリイ／10 イグサ／11 ヨシ／12 マコモ …… 129
13 ヒメガマ／14 マツモ／15 ミゾソバ／16 ヒシ …… 130
17 ミズユキノシタ／18 イヌタヌキモ／19 キクモ／20 ヒシモドキ …… 131
21 アサザ／22 ガガブタ／23 セリ／24 ノチドメ …… 132

入れる前にカクニン！

特定外来生物と飼育・栽培要注意な外来種 …… 133
1 カダヤシ／2 ブルーギル …… 133
3 ウシガエル／4 アゾラ・クリスタータ／5 ボタンウキクサ／6 ナガエツルノゲイトウ …… 134
7 オオバナミズキンバイ／8 ミズヒマワリ／9 オオフサモ／10 ブラジルチドメグサ …… 135
11 アメリカザリガニ／12 スクミリンゴガイ／13 園芸スイレン／14 キショウブ …… 136
15 ホテイアオイ／16 オオカナダモ／17 オオバナイトタヌキモ／18 ウチワゼニクサ（タテバチドメグサ） …… 137
生物をもっと理解するためのおすすめ図鑑集 …… 138

序章 はじめの知識

実際につくる前に
知っておいてほしい、大事なこと。
少し長くなるけど、読んでほしい。

ビオトープとはドイツ語のbiotopのことで、もともとはギリシア語で命（bio）のある場所（topos）、つまり「生き物の生息場」という意味です。ビオトープというと人工の池をイメージする人が多いかもしれません。しかし、本来の意味では人工や自然を問わず、池に限らず、森も川も海岸も、生き物が生息・生育する場はすべてビオトープです。

本書ではその中でも特に水のビオトープを対象としますが、水の中だけでは完結せずに

そのもう一つ外側の、陸域の部分を少しだけ含めて「生物豊かな湿地帯ビオトープ」をつくることを目的とします。そのために必要な基礎知識のキーワードは、湿地帯、生物多様性、外来種、エコトーン（移行帯）です。そこでまずはこのあたりについて解説していきます。

湿地帯ビオトープが目指すもの

湿地帯と生き物の関係

そもそも湿地帯とはなんでしょうか。湿地帯とは川や池、干潟や海岸などの身近な水域のことを言います。身近な水域には、様々な動植物が生きています。例えば、トンボやゲンゴロウなどの昆虫類、ヨコエビやサワガニなどの甲殻類、タニシやシジミなどの貝類、ドジョウやメダカなどの魚類、カエルやイモリなどの両生類、カメなどの爬虫類、その他にも、ミミズ類、ウズムシ類、ヒル類、ミズダニ類、鳥類や哺乳類、それからシャジクモ類、蘚苔《せんたい》類、維管束植物などなど、思いつくものを挙げるだけでも、とても生物の多様性が高い場所だということが想像できるかと思います。

また、こうした身近な水辺にはアユやウナギ、アサリやハマグリなどの食用として重要

な魚介類も多く暮らしています。また、人間は淡水を飲まないと生きられません。つまり人や社会にとって、とても身近で重要な環境が湿地帯と言えます。

こうした様々な種類の湿地帯環境の中で、湿地帯ビオトープが目指すのは「氾濫《はんらん》原《げん》湿地《しっち》（P34参照）」の再現です。すなわち、ため池や水田、河川敷の水たまりなどに代表される、シオカラトンボやゲンゴロウ、トノサマガエルやアカハライモリ、ミナミメダカなどが暮らすような環境を目指すということになります。

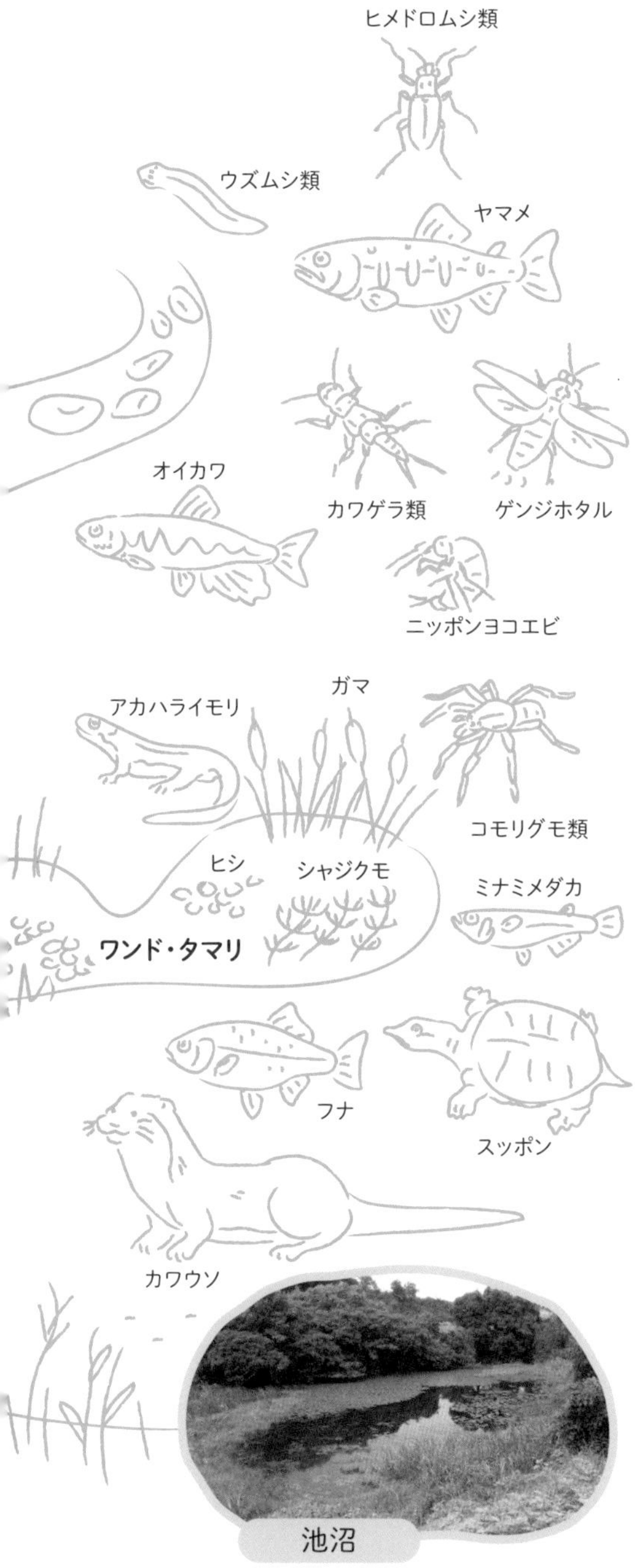

主な湿地帯とそこに棲む生物

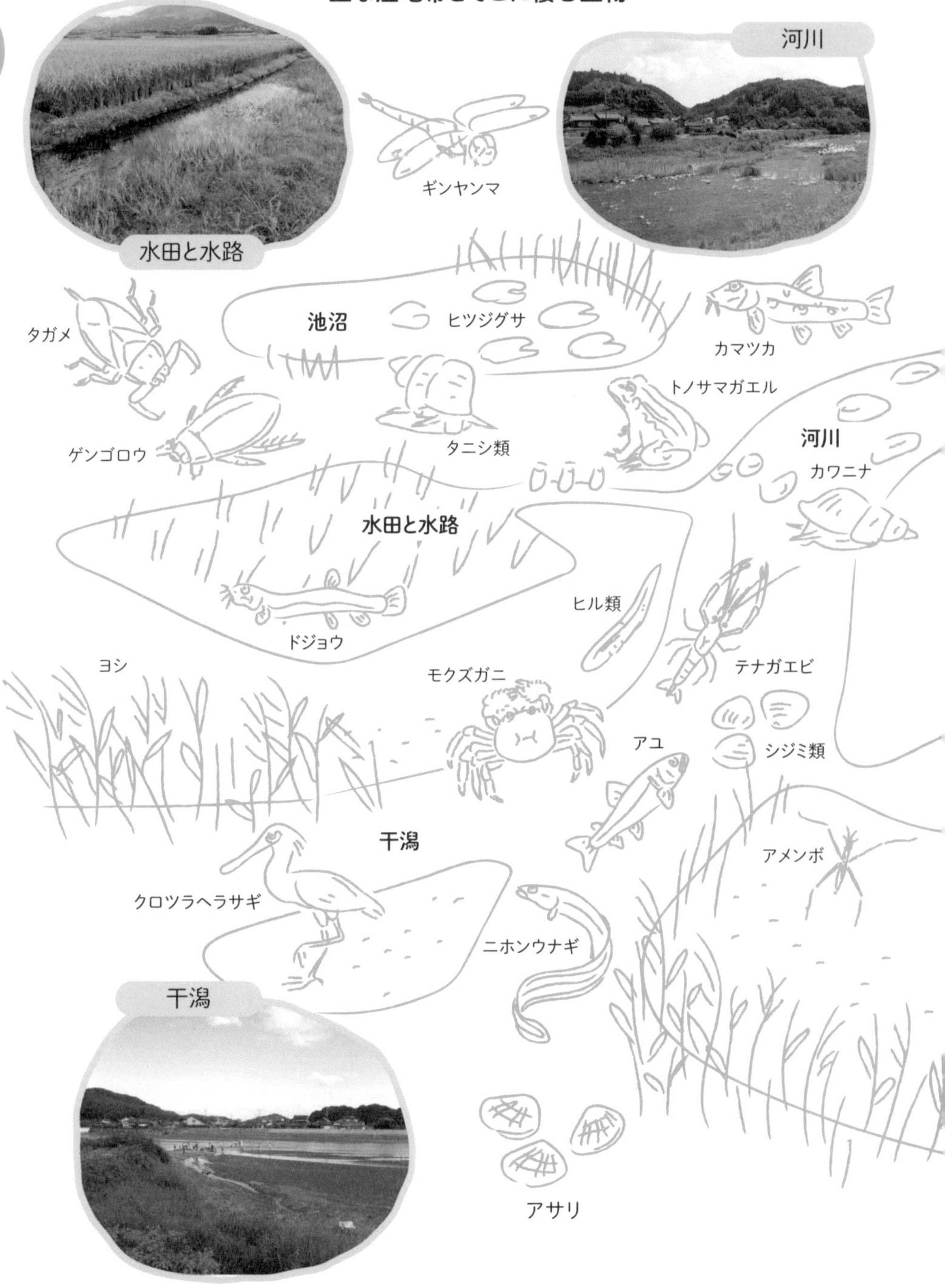

ビオトープが生物多様性を守る

この本で目指す湿地帯ビオトープは、湿地帯に暮らす多様な生物を守ることにつながるビオトープです。多様な生物を守ること、このことを「生物多様性の保全」と言います。生物多様性とは、その地域にもともとある①生態系、②種、③遺伝子の3つの多様性のことを言います。「①生態系の多様性」とは川とか池とか砂浜とか目で見てわかる場の多様性、「②種の多様性」とはシオカラトンボとかドジョウとかトノサマガエルとか分類学的に定義された生物種の多様性、そして「③遺伝子の多様性」とは同じ種でも地域や個体により異なる多様な遺伝子をもつことを指します。

生物多様性には様々な価値があることが、最近になってわかってきました（P31）。残念ながら私たちはその価値に気づくのが遅かったので、たくさんの生物が人間によって絶滅してしまいました。また結果として、食料として重要な生物も各地で絶滅、激減してしまい、多くの産業が影響を受けています。しかしまだ遅くはありません。生物は適切な生息場を保全・再生すればまた増えていきます。

すべての生物は少しずつかかわりあいながら生活しているので、私たちに役に立つ生物だけを抜き出して守ることはできません。つまり「生物多様性の保全」が最適解ということになります。

最近のいくつかの研究では、森林や河川の生物多様性は河口域や海域の生物多様性とも関係していることが明らかにされつつあります。これはよく考えれば当然のことかもしれません。つまり絶滅危惧種を守ることは多様な生物を守ることにつながりますし、一つ一つの環境を守ったり再生したりすることも、そして適切な湿地帯ビオトープをつくっていくことも、すべて、私たち自身を含む地球上の多様な生物を守ることにつながっていくということです。

3つの生物多様性

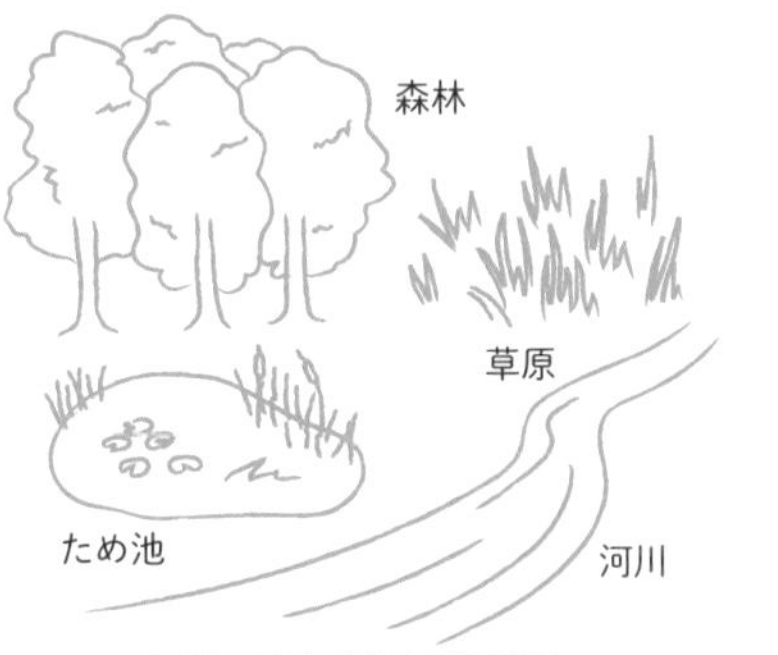

1 生態系の多様性

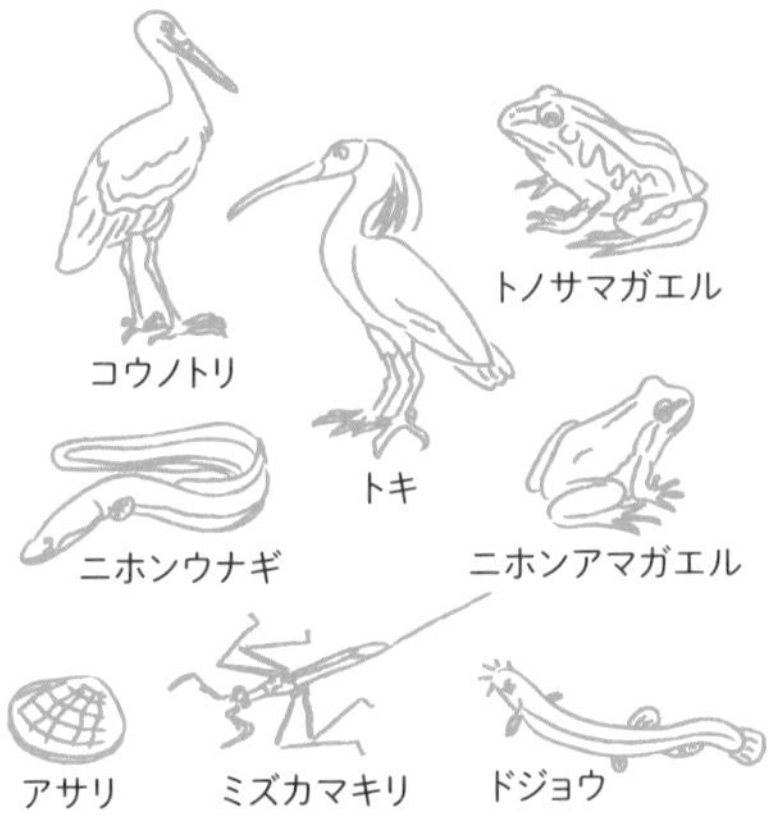

2 種の多様性

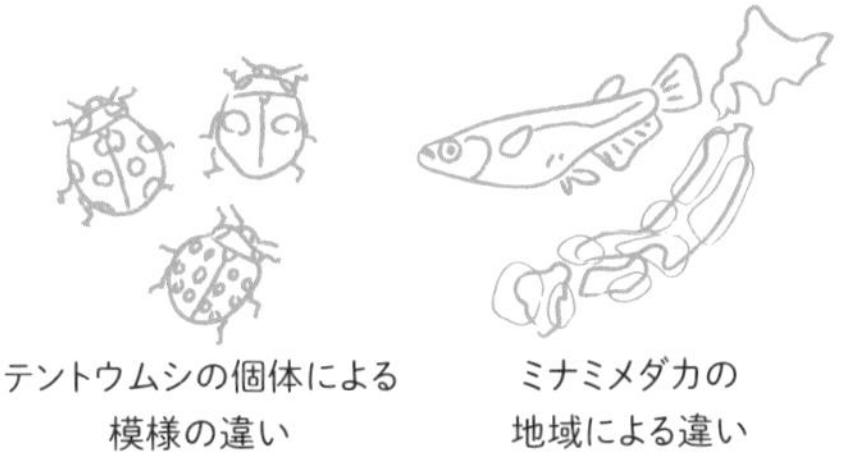

3 遺伝子の多様性

それでは生物多様性の保全につながるビオトープをつくるには、どういう点に注意すればよいのでしょうか？　そのためには「何が生物多様性の破壊につながるのか」ということを考えるとわかりやすいでしょう。

生物多様性の破壊とは、生態系を壊し、生物を絶滅させ、遺伝子を攪乱《かくらん》することを言いますから、つまり、「そうならないようにすればよい」ということになります。私たちが自宅でつくるビオトープにおいてもっとも注意すべきこと、注意できることは、まず第一に外来種の拡散に寄与しない、ということになります。

外来種とは「人の手によって自然分布域外に持ち込まれた生物」という意味です（P25）。持ち込まれた年代は問いませんし、意図的か非意図的かは関係ありません。1年前でも1000年前でも、人の活動に伴って持ち込まれたことが確かならそれは外来種です。外来種のすべてが問題ということはありませんが、いくつかの外来種は捕食や競合により他の生物を絶滅に追い込むことが知られています。これは種の多様性の破壊です。例えば、アライグマやオオクチバス（ブラックバス）、アメリカザリガニなどが有名ですね。

また、生物の多くは、種としては同じでも、地域ごとに異なる遺伝子を持っていることが普通です。別の地域から人の手で生物を持ち込むと、その地域の在来の集団と交雑する

外来種の侵略性

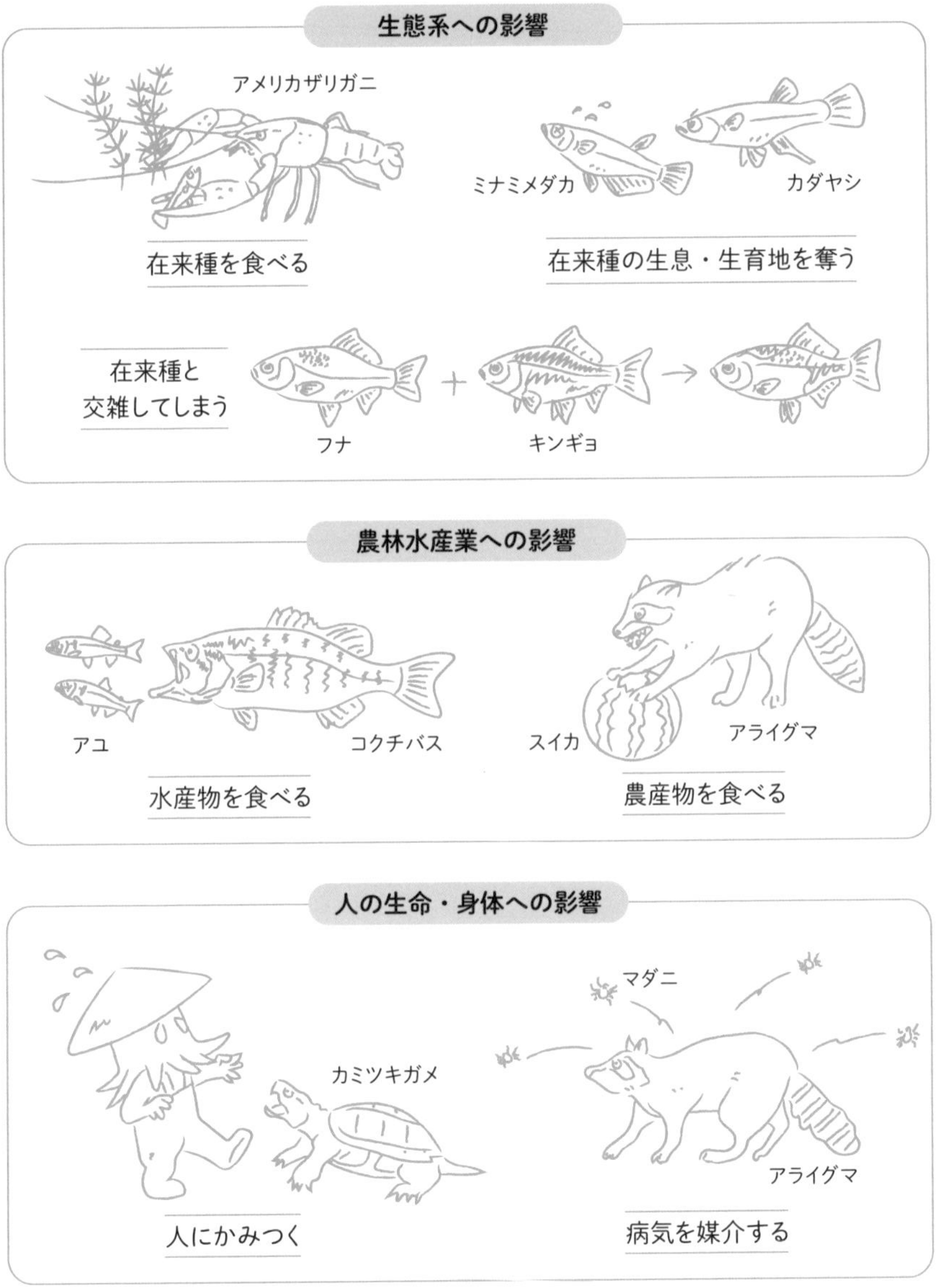
生態系への影響
アメリカザリガニ
在来種を食べる
ミナミメダカ
カダヤシ
在来種の生息・生育地を奪う
在来種と
交雑してしまう
フナ
キンギョ
農林水産業への影響
アユ
コクチバス
水産物を食べる
スイカ
アライグマ
農産物を食べる
人の生命・身体への影響
カミツキガメ
人にかみつく
マダニ
アライグマ
病気を媒介する

ことで、その地域固有の遺伝子の特徴を失わせてしまうことがあります。これを遺伝子の攪乱と言いますが、すなわちこれが遺伝的多様性の破壊です。例えばメダカやホタルの放流で、こうしたことが起こることが知られています。その地域固有の遺伝的特徴は、その地域固有の自然遺産です。貴重な遺跡に等しいと言えるでしょう。また遺伝的な情報そのものが将来、私たちに何らかの技術革新をもたらすかもしれません。こうした遺伝的な特徴は、一度壊してしまうと取り返しがつきません。

したがって、ビオトープをつくる時にもっとも注意すべきことは、そのビオトープが生物多様性を破壊しないようにする、特に悪影響のある外来種の発生地や拡散地にならないようにする、ということにあります。ビオトープに生物を持ち込むことは悪いことではありませんが、法律で禁止されているような外来種は入れないこと、また、ビオトープから容易に動植物が逃げ出せるような構造の場合は、逃げ出しても問題がない（＝遺伝子レベルで問題がない）ものだけを入れることが重要です。これらの点についてはP38以降で詳しく解説します。

column

外来種の基礎知識

外来種（＝人の手によって自然分布域外に持ち込まれた生物）というと、「悪者」であり「駆除しなくてはいけない」という印象があるかもしれません。しかしそれは正確ではありません。外来種には生物多様性に対して「明らかな害のあるもの」「そうでないもの」「よくわからないもの」などがあります。このうち駆除などの対策が絶対に必要なのが「明らかな害のあるもの」で、これを専門的には「侵略的な外来種」と呼びます。侵略的とは、生態系、農林水産業、人の健康に害を及ぼす、という意味です。

侵略的な外来種がどういう種類かということは明確になっており、それは、環境省と農林水産省が共同で定めて公開している「生態系被害防止外来種リスト」に掲載されている種、ということになります。さらにこのリストの掲載種の中から、きわめて甚大な侵略性を持っていて、明治時代以降に国外から持ち込まれた種は、外来生物法に基づく「特定外来生物」に指定されます。特定外来生物は生きたままの運搬、飼育・栽培、放流・遺棄が禁止されており、違反すると禁固刑や罰金刑もついてくる厳しいものになっています。

したがって、湿地帯ビオトープを楽しむうえで「特定外来生物」には十分に注意する必要があります。万が一、飼育・栽培している形になってしまえば、それは犯罪です。また、その他の侵略的外来種（生態系被害防止外来種リスト掲載種）についても、基本的には湿地帯ビオトープに入れるべ

きではないでしょう。

それから、在来種であってもその地域の集団と異なる遺伝的な特徴をもつものは、交雑などによりその地域の生物多様性に悪影響を及ぼします。ビオトープから自然の河川や池に容易に逃げ出せるような構造の場合は、在来種であってもその地域にはない遺伝的特徴をもった種は入れてはいけません。

環境省では外来種対策の基本方針として「入れない」「捨てない」「拡げない」の3つを挙げています。前述したように、優先的に対策すべきは侵略性のあるものですが、野外に定着した後でどのような悪影響を及ぼすようになるかを予想するのは難しいのです。そのため、湿地帯ビオトープづくりにおいても、まずは、逃げ出せない構造にする、また、逃げ出せる構造の場合は入れる生物を遺伝的に問題がないものにすることが必須となります。

外来種の整理

外来種

人の手によって自然分布域外に持ち込まれた生物。持ち込まれた年代は問わない。	イネ、アシダカグモ、ニホンヤモリ

侵略的な外来種

生態系や農林水産業、人の健康などに悪影響を及ぼす種。生態系被害防止外来種リスト掲載種など。	キウイフルーツ、ホテイアオイ、モウソウチク、ニジマス、ノネコ

特定外来生物

特に侵略性が高く、明治時代以降に日本国外から持ち込まれた種。外来生物法に基づき指定される。	ボタンウキクサ、ナガエツルノゲイトウ、オオフサモ、ウシガエル、オオクチバス、アライグマ

エコトーンなくして語れない

「エコトーン」って何？

外来種には十分注意するとして、次に、生物を増やす湿地帯ビオトープにはどのような条件が必要になるかを解説します。

生物が多く暮らす湿地帯には、一つの重要な条件があります。それが「エコトーン」です。エコトーンとは日本語では「移行帯」といい、2つの異なる環境が少しずつ変化しながら接する場所、と定義されます。湿地帯においては、陸と水の間にある「陸とも水ともつかない場所」がエコトーンです。池のほとりの場合で考えると、「陸だ！」と思って踏み込むとずぶずぶと沈んで泥まみれになるような場所です。エコトーンはもちろん陸地にもあります。日向環境と日陰環境の間、草原と森林の間、海と陸の間、本来はその境界はあいまいです。それらもまさしくエコトーンです。

エコトーンがあるとなぜ生物が多様になるのか、ということは生物の生活のしかた、「生活史」を考えるとよく理解できます（P30）。もし水辺にエコトーンがなければ、水中生活をまったく必要としない生物（例えばカブトムシやクワガタムシ）と、陸上生活をまった

く必要としない生物（例えばヤマメやオイカワ）のように、2つの生活史パターンの生物しか暮らすことができません。

　しかし、もしその間にエコトーンがあると、水中とエコトーンを利用する生物（例えばドジョウ）、陸上とエコトーンを利用する生物（例えばカスミサンショウウオ）、水中とエコトーンと陸上を利用する生物（例えばゲン

エコトーンの有無の違い

ゴロウ)、エコトーンのみを利用する生物(例えばヒメタイコウチ)のように、さらに4つの生活史パターンをもつ生物が利用できます。合計6パターンです。実際はエコトーンにも様々な程度がありますから、エコトーンの有無というのは生物多様性にとってとても重要なのです。

せっかくビオトープをつくるなら、生物がたくさん暮らせるようなビオトープをつくりたいものです。そして、これは個人的な意見ですが、湿地帯のエコトーンというのは見た目もたいへん美しいものです。したがって、本書で目指す湿地帯ビオトープは、エコトーンを備えたものになります。

column

エコトーンと生物の生活史

湿地帯の生物の豊かさは、エコトーンの有無で決まると言っても過言ではありません。エコトーンを利用して暮らす、代表的な4つのパターンの生活史を紹介します。

① 水中とエコトーンを利用する生物

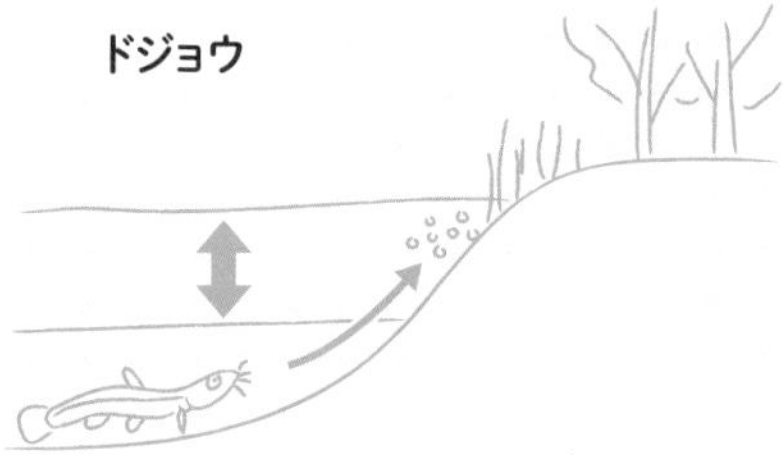

ドジョウは普段は水中で暮らしていますが、繁殖はエコトーンで行います。冬は干上がっていて、夏は水没するような環境を特に好みます。

② 陸上とエコトーンを利用する生物

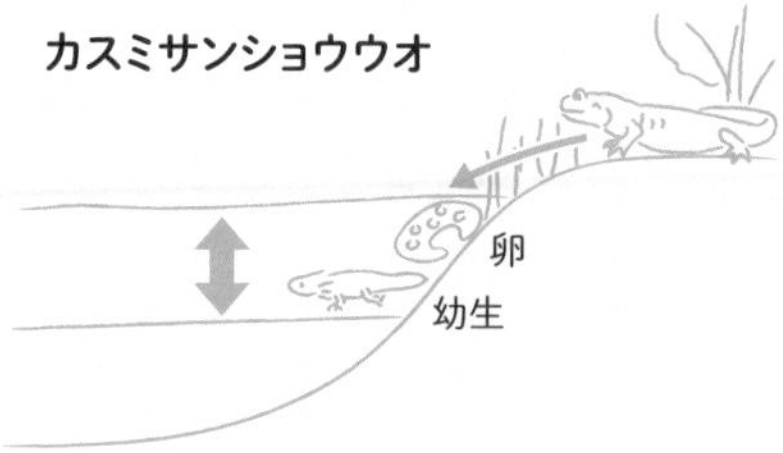

カスミサンショウウオやトウキョウサンショウウオは普段は陸上で暮らしていますが、繁殖はエコトーンで行います。幼体が成長した後は森林や草原などの陸上で暮らします。

③ 水中とエコトーンと陸上を利用する生物

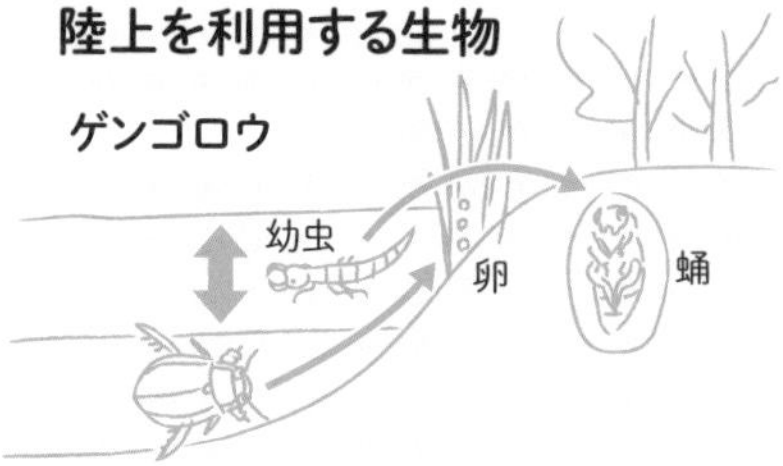

ゲンゴロウは普段は水中で暮らしていますが、繁殖は抽水植物のあるエコトーンで行います。浅い環境で育った幼虫は、十分に育つと上陸して陸上で蛹（さなぎ）になります。羽化した成虫は、再び水中で暮らします。

④ エコトーンのみを利用する生物

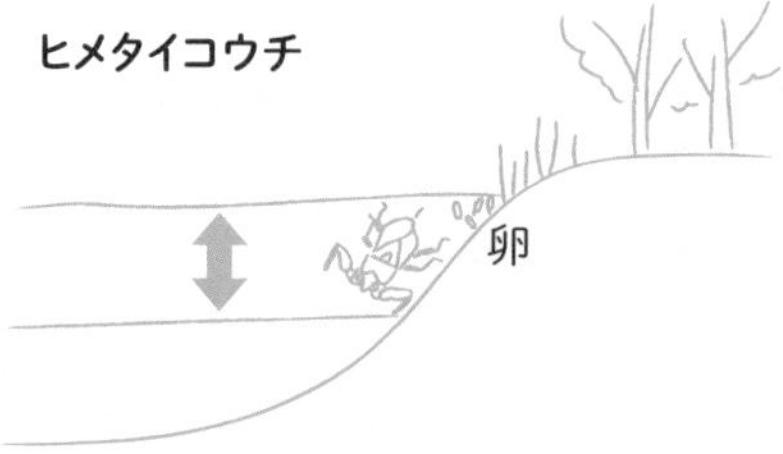

ヒメタイコウチやヤマトマルドロムシは、生涯を浅いじめじめした環境で暮らします。泳ぐことはできないので水中には行きませんが、乾燥にも弱いので陸上にも行きません。

庭先から地球を見渡そう

生物多様性の4つの価値

生物多様性は私たちの社会にとって4つの利益があることが知られています（次ページの図）。その4つとは①供給サービス、②文化的サービス、③調整サービス、④基盤サービスです。このうち、①供給サービスはもっとも身近に感じられる利益で、食料や医薬品、遺伝情報などを指します。日本の重要な食文化として「握り寿司」がありますが、これなどは生物多様性の供給サービスの極みとも言えるものでしょう。生物多様性が破壊されれば、寿司ネタも一品ずつ減っていきます。

また、②文化的サービスは感動や楽しみ、自然史研究などを指しますが、本書で目指す「生き物豊かな湿地帯ビオトープ」をつくって遊ぶことは、まさに文化的サービスそのものと言えるでしょう。③調整サービスは水の浄化や気候変動の緩和、④基盤サービスは酸素や土壌の提供などを指します。

野生生物は世界中で減少しており、日本でも野生生物の約3割は絶滅危惧種という状況です。一種ずつの生物はそれぞれつながり、かかわりあいながら生活しているわけですか

ら、当然、それは私たちに身近な生物にとっても無縁ではありません。ゲンゴロウやタガメ、ドジョウといったよく知られた生物の多くは各地で絶滅していますし、アユやニホンウナギ、さらにはアサリやハマグリといった、かつてはいくらでもいた水産有用種の多くも各地で危機的状況に陥っています。

　こうした状況を受

生物多様性の恵み・生態系サービス

1 供給サービス

食料、医薬品、木材、
未解明の遺伝情報 など

2 文化的サービス

感動、楽しみ、学びの機会、
芸術の題材、自然史研究 など

『映像研には手を出すな！』4巻より（©大童澄瞳／小学館）

3 調整サービス

気候変動の緩和、災害の軽減、
病害虫の大発生抑制、水質浄化 など

4 基盤サービス

酸素の供給、豊かな土壌の形成 など

けて、日本では２００８年に生物多様性基本法という法律を制定し、国として生物多様性を保全・再生していく方針を明確にしています。また、近年注目を浴びているＳＤＧｓ（持続可能な開発目標）においても、主要な17の目標の一つに生物多様性の保全が挙げられています（目標15・陸の豊かさも守ろう）。社会を持続・発展させるうえで、生物多様性の保全はその基盤として重要だということです。

今後、生物多様性の保全は社会的課題として重要度を増していくことは間違いありません。多くの湿地帯が失われ、多くの種が絶滅危惧種となり、多くの水産有用種が失われている今、小さな人工の湿地帯であっても、それが一つでも増えることは、生物多様性の保全につながります。生物多様性の保全は私たち自身のため、そして多くの野生生物たちのために必要なことです。

氾濫原湿地と二次的自然環境

日本の生物にとって重要な自然環境には大きく分けて2つあり、1つは人の手が入っていない「原生的な自然環境」、もう1つは常に人の手が入っている「二次的な自然環境」です。手つかずの原生的な自然環境が生物にとって重要なのはわかりやすいですが、人の手が入っている二次的な自然環境が生物にとって重要というのは、少し違和感があるかもし

れません。

日本を含む東アジアのモンスーン地域では、梅雨時期から台風時期にかけての降雨と河川の氾濫により攪乱される「氾濫原湿地」は重要な生態系です。日本ではこうした環境の大部分が水田を中心とした里地里山に改変されましたが、稲作による水管理と日常の手入れが疑似的な氾濫原湿地として機能したために、もと

湿地帯ビオトープが生物を守る

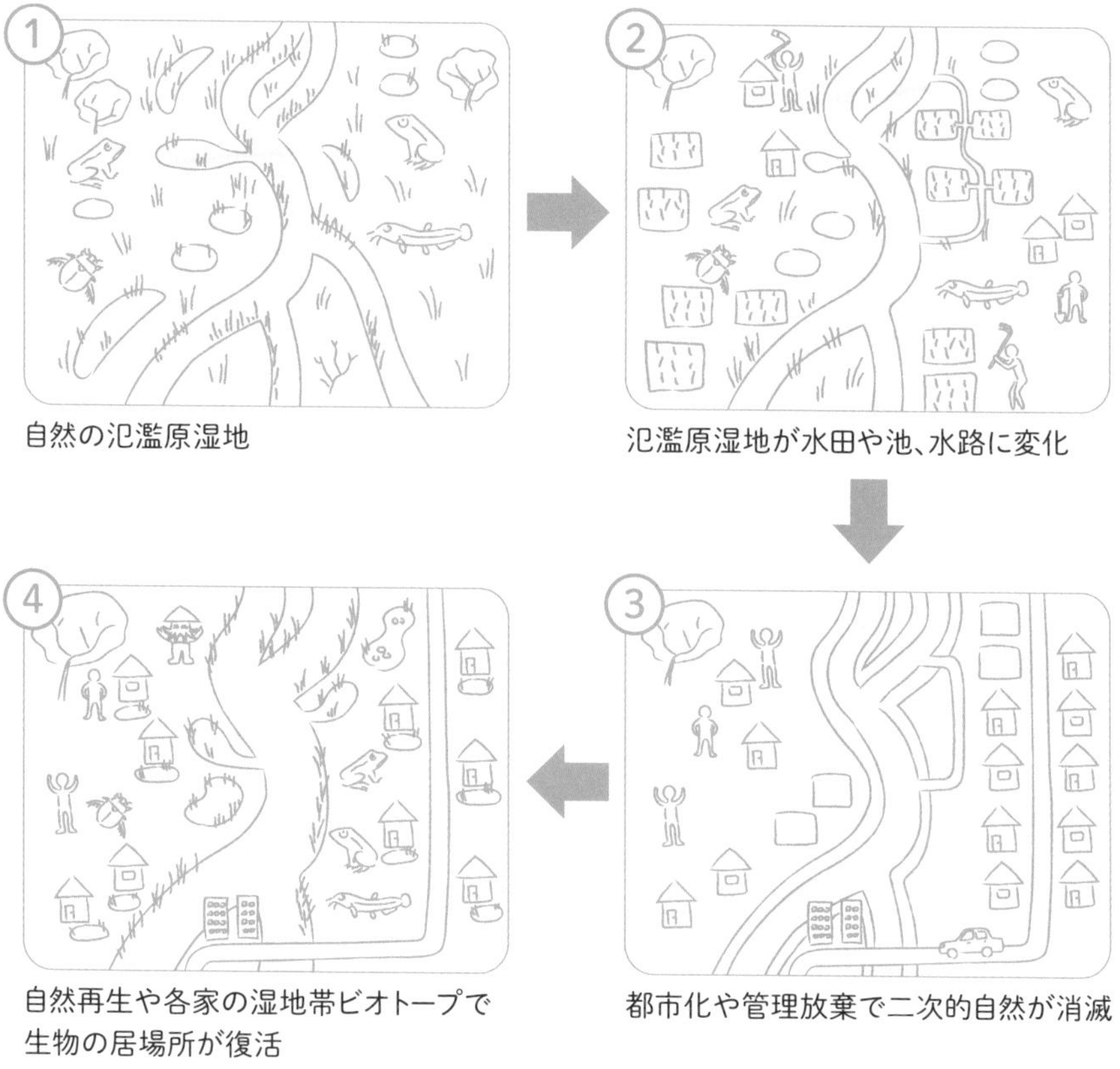

もと氾濫原湿地に生息していた生物の多くは水田域を中心とした二次的な自然環境に移住して生き永らえてきました。つまり、二次的な自然環境というのは、日本国内の大部分から失われた原生的な攪乱環境である氾濫原湿地を、ほぼ代替する重要な環境なのです。

しかし、近年では都市化による水田やため池の消滅、過疎化や高齢化による耕作放棄により、疑似的な氾濫原湿地としての機能が失われた結果、トノサマガエルやドジョウ、メダカ、ゲンゴロウ、タガメなどの、かつては身近にいた多くの氾濫原性の湿地帯生物たちが、各地で絶滅危惧種となってしまいました。現在、このような二次的な自然環境の生物をどのように守っていくのかが大きな課題となっています。そして、本書で提案する「湿地帯ビオトープ」とはまさに、二次的自然環境つまり氾濫原湿地に生息する生物を守ることにつながるものを目指します。

他にもある湿地帯ビオトープの機能

ビオトープづくりは生物多様性の保全に加えて、その他にも様々な利益があります。その一つが、「洪水抑制能力」。近年、人為的な気候変動の影響で、この十数年で豪雨の回数が増加傾向にあることが知られています。また、都市開発や耕作放棄により、水田やため池といった水を一時的にためる場所が減っています。結果として豪雨時に一気に川に雨水

が流れ込み川があふれてしまうこと（外水氾濫）や、逆に街中に降った雨水が川に流れ込めずあふれてしまうこと（内水氾濫）などが、特に都市域では問題視されているのです。

そうしたなか、降った雨水を各家庭や公的施設でためる「雨水タンク」、あるいは降った雨をいち早く地下に吸収させる「雨水浸透桝」などの設置の重要性が指摘されつつあります。実際にいくつかの自治体ではこうしたものの設置に補助金を出しているところもあります。小さくてもこのような水をためる場を各家庭で設置することができれば、降雨時に河川に流れ込む水の量を減らすことができ、災害のリスクを下げることができるわけです。したがって、湿地帯ビオトープにおいても雨水をためる機能や雨水を地下浸透させる機能を持たせることで、治水にも貢献することができるかもしれない、ということです。こうした機能を持つ「雨庭」の設置も各地で提案されています。また、気候変動対策としても、コンクリートで固めた庭よりも湿地帯ビオトープ化した方が効果的とも考えられます。

こうした自然の力を活用したインフラ整備を「グリーンインフラ」と言いますが、湿地帯ビオトープづくりにおいても、生物の生息場としての機能だけではなく、こうしたインフラ整備に貢献するという視点をもってデザインしていくことで、より深みのある楽しみとなるはずです。

1章

つくってみよう！

方針決めと材料集め

新しく湿地帯ビオトープをつくる時、そこに入れる動植物や材料をどうするか決める必要があります。ここを適当にしてしまうと、環境破壊につながります。その方針を決めるうえで重要なのは、「はじめから動植物を入れたいかどうか」と、そのビオトープが「付近の川や池に動植物が流出しやすい構造かどう

ビオトープの方針を決めるためのフローチャート

はじめから動植物を入れたい?

はい → 次の質問へ
いいえ → Ⓐ

Ⓐ 何も入れない湿地帯ビオトープ

生物多様性への悪影響はありません。湿地帯は自然に変化して、時間はかかるかもしれませんが、やがて色々な生物がやってきます。

付近の川や池に動植物が流出しやすい構造?

はい → Ⓒ
いいえ → Ⓑ

Ⓒ 動植物が流出しやすい湿地帯ビオトープ

入れる生物の選択には細心の注意が必要です。遺伝子レベルで、逃げ出しても問題が無い種のみを入れます。基本的にはその地域の同一水系・近傍地から集めたものに限ります。遠い場所から採ってきたもの、買ってきたものは入れないようにします。

Ⓑ 動植物が流出しにくい湿地帯ビオトープ

あまり気にせず色々な生物を入れることができます。買ってきたものでも構いません。ただし、侵略的な外来種や移動能力が高い種は入れないようにします。

か」の2つの視点です。そこでフローチャートをつくりました。まずは自分がつくる/つくりたい湿地帯ビオトープの方針を見極めましょう。

流出の憂いなく、
気長に待つ楽しみ

A 何も入れない湿地帯ビオトープ

はじめの段階で動植物は一切入れない、つまり、まず場だけをつくって、そこに自然にやってくる動植物だけで構成される湿地帯ビオトープです。そこに自然にやってくるということは、その周辺の環境に生息・生育するもののみで構成されるということですから、そこで増えた動植物が流出してもその周辺の生物多様性に悪影響を与えることは基本的にありません。

そもそも、最初に何も入れないで動植物が勝手にやってくるのだろうか? と不思議に思うかもしれません。しかし、やってきます。水生植物の中でも、

著者が調査をしている埋め立て地に造成されたビオトープ。人の手を入れていないにもかかわらず、造成後の4年間で260種類以上の動植物が確認されている。つまり、これらはすべて自力で移動してきた生物。

ヨシやガマは種子が風に乗って飛んできますので、適切な水辺をつくるといつの間にか生えてくることが普通です。また、水生昆虫類の多くは空を飛べますので、トンボやゲンゴロウ、アメンボなどはかなり早い段階でやってきます。場所によっては、両生類のカエルやサンショウウオなども歩いてやってきます。

一方で、空を飛べない魚類や、飛翔する種子をつくらない沈水性植物の多くは、普通はやってくることが期待できないでしょう。それでも適切なエコトーンを備えた湿地帯ビオトープをつくると、数ヶ月もすれば必ず、なにがしかの生物が生息・生育するようになります。長く維持していると思わぬ湿地帯生物が現れることがあり、そうした息の長い楽しみを得たい人にはおすすめの形です。ただし、侵略的な外来種もやってきて増える可能性はあるので、その点には注意する必要があります。

高セキュリティで
動植物の自由度高め

B 動植物が流出しにくい湿地帯ビオトープ

水があふれても付近の川や池に動植物が流出しない構造であれば、あまり気にせず色々な動植物を入れることができます。具体的にどのような構造のものが該当するかというと、一つはマンション等の屋根があるベランダに設置するようなコンテナビオトープです。また、雨が降り込む庭に設置するようなものでも、雨水であふれた水がきちんと雨水浸透桝

（P54）に流れ込んで行くものは同じタイプとして考えられます。気をつけたいのは、通常、雨水の配管や側溝に流れる水は、そのまま周囲の水路を通して河川に流れ込むことが多いことです。雨水が降り込み水があふれる構造のビオトープの場合は、あふれた時にその水がどういう経路を通ってどこに流れ込むのか、チェックしておくとよいでしょう。

さて、入れる動植物をあまり気にしなくてよい、と書きましたが、2つ注意する点があります。それは「侵略的な外来種」と「移動能力の高い種」です。

外来種の中には法令で飼育・栽培が禁止されているものや、推奨されないものがあります（P25）。特定外来生物のカダヤシやオオフサモがビオトープで飼育・栽培され

特定外来生物を誤って入れないよう注意しましょう

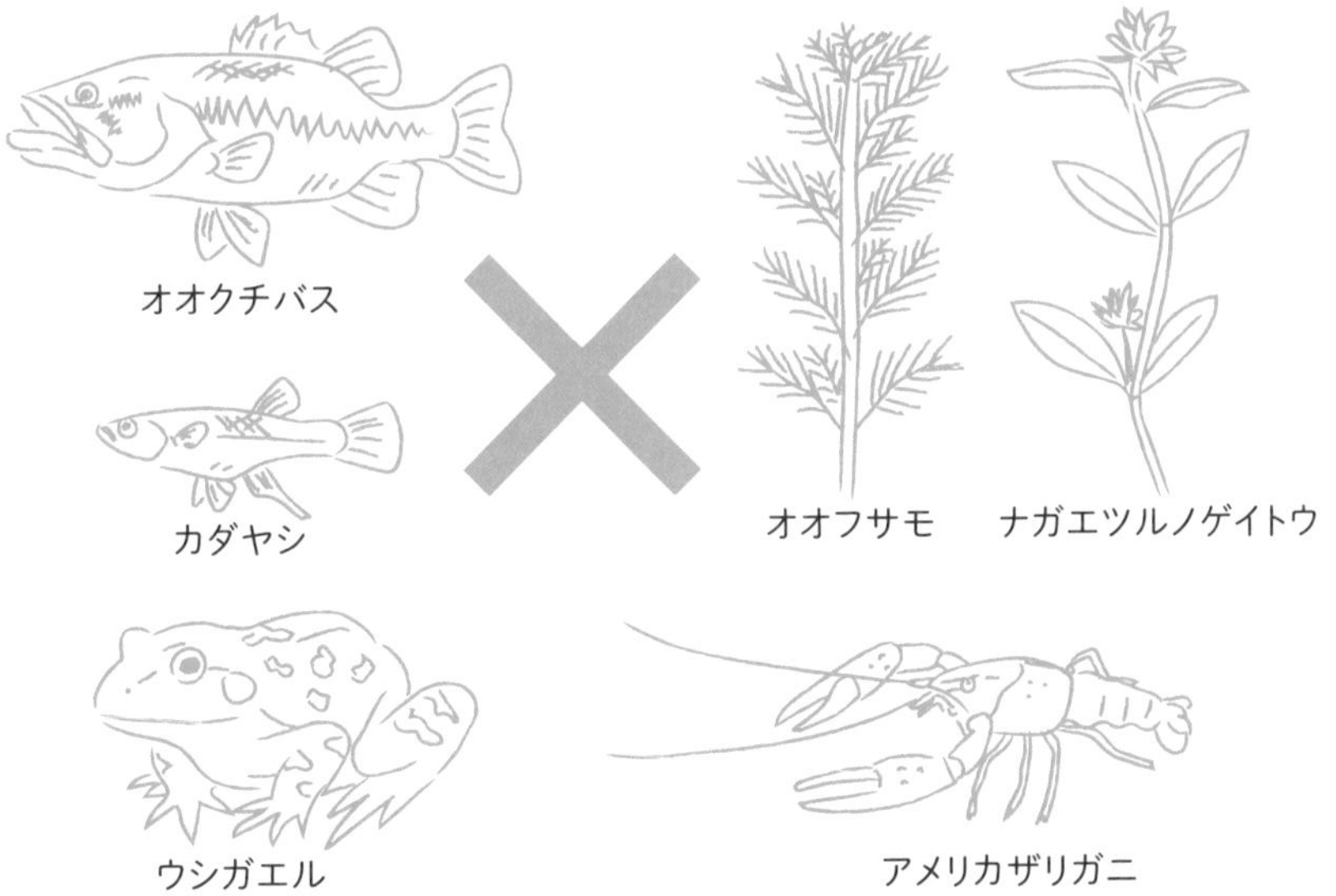

※ 2023年6月以降、条件付特定外来生物に指定

ているのを見ることがありますが、これは犯罪になってしまいます。侵略的な外来種をビオトープに入れることは避けましょう。また、飛翔する種子をつくる植物や、空を移動できる昆虫類、陸地を移動できる両生類などは、構造にかかわらず出て行く可能性が高く、その地域で外来種化する危険性があります。

つまり、動植物が流出しにくい構造の湿地帯ビオトープであっても、空を飛んだり陸地を移動したりできる植物や昆虫類、両生類などについては、入れずに自然にやってくるのを待つか、入れる場合には流出しても問題がない遺伝的特徴をもった種に限る必要があります。この「流出しても問題がない遺伝的特徴をもった種」をどのように入手すればよいかは、次のCで解説します。生物の移動能力についてはP45でも解説しているので、参考にしてください。

正しい知識と
技術が必須

C 動植物が流出しやすい湿地帯ビオトープ

付近の川や池に動植物が簡単に流出する構造の場合は、そこに入れる動植物の選択には細心の注意を払う必要があります。結論を言えば、そのような湿地帯ビオトープに持ち込む動植物は、その地域にもともと生息・生育する種と遺伝子レベルで同じものにするべきと言えます。つまり、買ってきたもののほとんどはダメということになります。遺伝子レ

ベルで問題がない、ということは一つ一つ遺伝子を調べなくてはいけないの？　と思う方もいるかもしれません。しかし、実はそれほど面倒なことではありません。「水系」を意識することで、その問題の大部分がクリアできます。

水系とは1つの大きな川につながるすべての川や池などの全体のことを言います（図）。私たちが住んでいる家があるその土地は、必ず何かの川の水系に属しています。湿地帯に暮らす生物の多くは、基本的に水系単位でまとまった遺伝的な集団を形成しています。したがって、同

水系・平野と遺伝的な集団構造の例

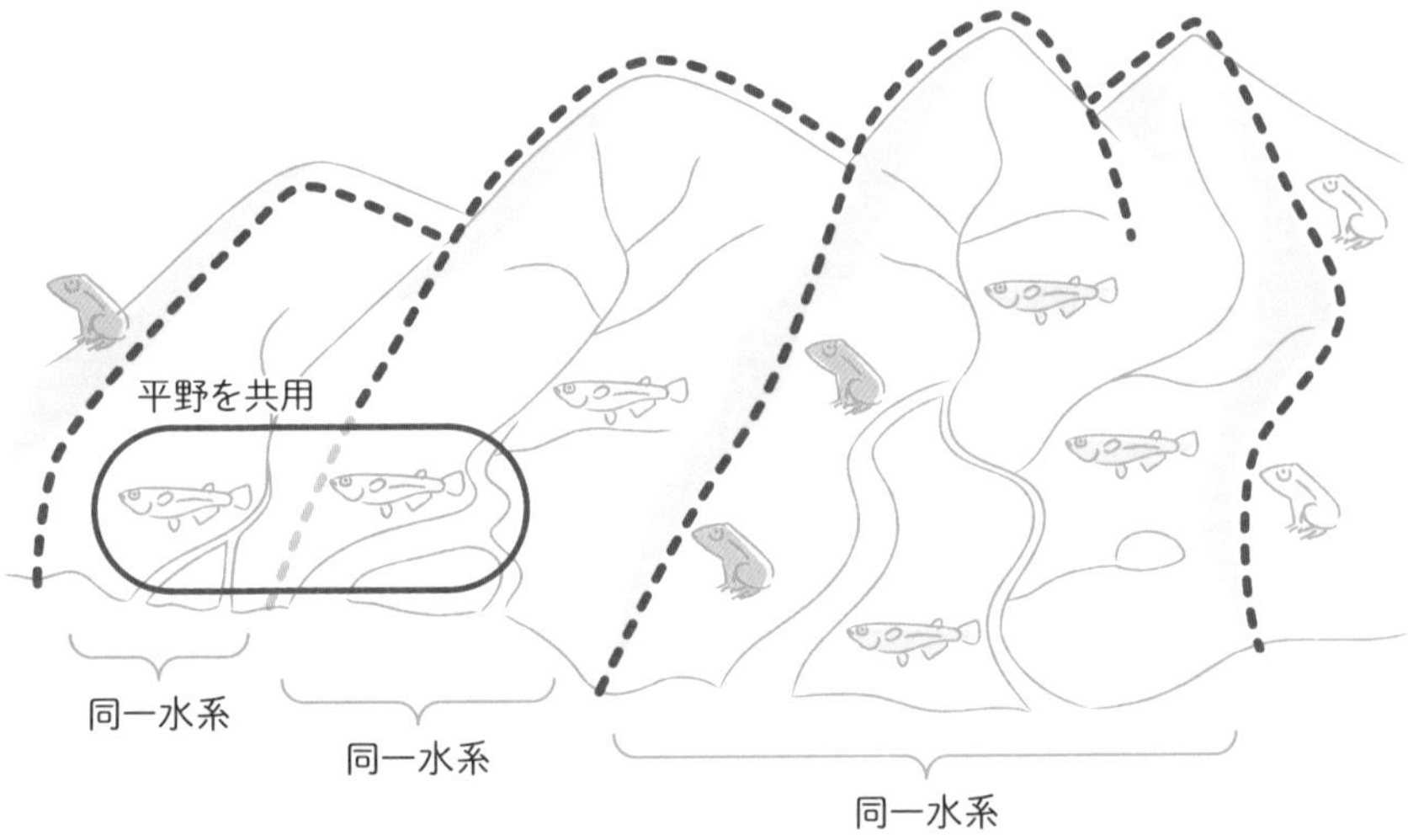

※ 同色の生き物は、同一の遺伝的特徴をもつグループ

一の水系内から集めてきた動植物は、もし逃げ出しても元の水系に戻るだけですから、生物多様性の破壊のリスクがきわめて低いということになります。

　また、水系が異なっても平野部を共有するような川どうしの場合は、平野部に限れば同一の遺伝的集団であることが多いようです。これは大雨の時などに川が氾濫して一つながりの湿地帯になることが多く、そうした時に相互に移動ができるからです。ただし、両生類や飛翔できない昆虫類などでは、大きな川を挟んで両岸で遺伝的な特徴が異なることがあります。あるいは水系単位ではなく、山塊単位で異なることもあるようです。

　こうしたことを考慮すると、基本的には魚類などの水中のみを移動する種では同一水系・同一平野から、両生類や昆虫類など陸も移動できる種では大きな川や高い山地などの移動障壁がない範囲から集めてくることで、逃げ出したとしても遺伝的な問題の多くを回避できます。もちろん同一水系といっても日本一長い信濃川のような河川では、河口に近い新潟市付近のドジョウと、はるか上流の長野県安曇野市付近のドジョウでは遺伝子が大きく異なる可能性が高いでしょう。どの程度の近さならよいのかという判断は難しいですが、自分がその生物になったとして、1～2世代で自力で移動できるくらいの近い範囲というのが目安として間違いのないところです。なお、同一水系でみられる生物であっても、明らかな外来種や外来遺伝子をもった集団は、そのビオトープで増殖して周囲に拡散する可能性があるので、入れるべきではありません。

column

湿地帯生物の移動能力

生物は分類群ごとに移動能力が異なります。もっとも移動能力が低いものの一つは、海や山を介した移動ができない、一生を淡水域で暮らす「純淡水魚類」です。ドジョウやミナミメダカが代表的ですが、これらの種では地域ごとにかなり遺伝子の特徴が異なることが知られています。湿地帯ビオトープに入れる場合は、同一水系内から持ち込むことを基本方針とし、もし購入してきたものを入れる場合には、絶対に逃げ出せない構造にする必要があります。

次に移動能力が低いのは、カエル類やイモリ、サンショウウオ類などの「両生類」です。これらの生物は陸域を移動できるのですが、あまり大きな移動はせず、高い山や大きな川は越えられないので、水系ごと、さらに小さな地域ごとに異なる遺伝子の特徴を持つことがあるようです。

植物は一見すると移動能力が低そうですが、種子の状態で空を飛んだり、動物に付着したりして分布を拡大する能力をもつ種も少なくありません。こうした種ではかなり広域で同一の遺伝的特徴をもつことが多いようです。一方で種子をつくらないで増える種や、水流で種子を分散するような種では、地域ごとに異なる遺伝子の特徴をもつ場合があります。

水生昆虫類は一般的に空を飛ぶことができ、特に止水域を利用するトンボ類やゲンゴロウ類では、頻繁に飛翔して移動するため、地域による遺伝的な違いは少ないようです。

このように整理していくと、湿地帯ビオトープをつくった時に「入れない方がよい生物」や「入れても問題なさそうな生物」が、区別できていくのではないでしょうか？　例えば観賞用に品種改良されたメダカは、野外に出てしまえば野生個体群と交雑して大きな問題となりますが、一方で移動能力は低いので、湿地帯ビオトープの構造によっては入れても問題がない場合があります。逆に、空を飛べたり陸を移動できたりする生物はすぐに逃げ出すので問題になりやすいですし、あえて入れなくてもいつかやってくるのを待つ方が、生物多様性の保全につながるということです。

水生生物の移動能力

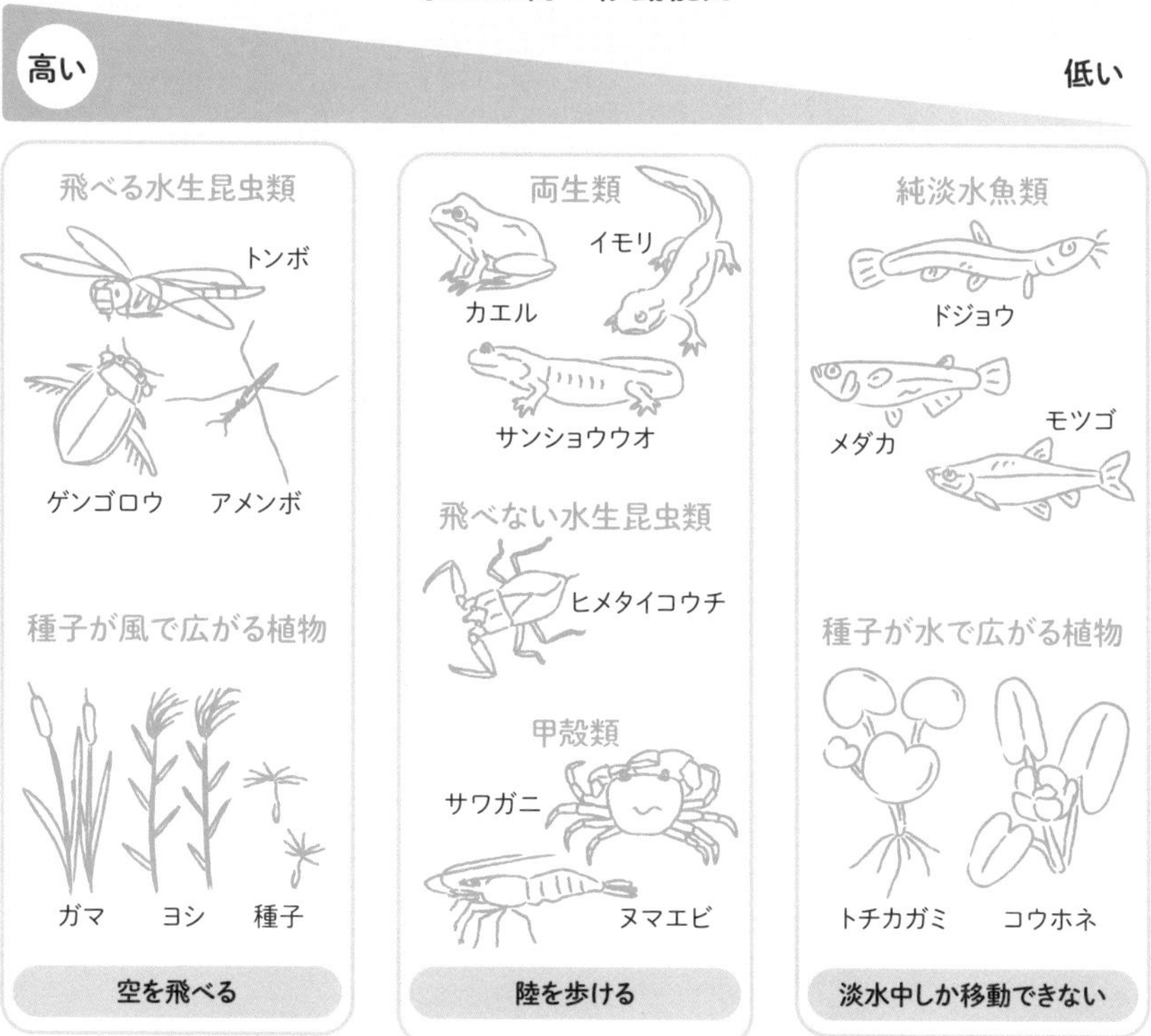

野外で材料を集めるには？

一般的に湿地帯の生物が生息している環境として思い浮かぶのは河川や湖沼、それから水路や水田、ため池です。そうしたところにいる動植物や、そうしたところの土石を入手するにはどうしたらよいのでしょうか。

まず、動物の採集ですが、魚類や一部の貝類、甲殻類などについては、基本的には各都道府県が定める「漁業調整規則」に従って行う必要があります。これは水産資源の保護を念頭においた取り決めで、主に「採集してはいけない種類とサイズ」「採集してはいけない時期と場所」「使ってはいけない漁法」の3項目を基準にした規制です。規制は地域ごと、河川ごとに異なりますので、詳しく知りたい場合は管轄する行政部局に問い合わせるとよいでしょう。その際は捕獲したい場所や目的を伝えると話が早いです。また、この規則は各都道府県のホームページで公開されているので、自分で調べることもできます。

次に植物や土石の採取ですが、これは川の管理方針を定めた「河川法」に従って行う必要があります。基本的に公共物である河川から、植物や土石を個人が自由に採取することは禁止されています。それではまったくダメなのかというと必ずしもそうではなく、「採取する量がきわめて少ない」あるいは「社会通念に従う程度」であれば、自由使用の範疇に属すると解釈されています。つまりトラックを横づけして重機を用いて大量採取すること

や、採ったものを売りさばくなどをすれば当然河川法違反となりますが、個人の庭の湿地帯ビオトープに入れる程度であれば、問題にはなりません。このあたりの限界は個人での判断は難しいところもありますので、気になる場合は各河川を管理している行政部局に、目的と分量を伝えて問い合わせるとよいでしょう。一級河川の主要部分は国土交通省の河川事務所が、一級河川の一部と二級河川は都道府県の河川部局が管理をしています。場合によっては正式に許可申請を出して、採取することも可能です。

また、個人や団体が管理している農業用水路やため池などの水域では、所有者・管理者から個別に許可を得ることができれば、生物の採集や少量の土石の採取についての問題はありません。

なお、近年では希少種保護を目的とした法律や条令による指定種も増えており、そうした種は捕獲が禁止されています。目的とする地域でどのような動植物が採集禁止になっているかを事前に調べることも重要です。

わからなかったら気軽に行政の担当部局に質問してみましょう

実際のつくり方

基本的な知識と方針を固めたうえで、いよいよ実際につくってみます。「湿地帯ビオトープ」において重要なのは、水と陸、そしてその境界であるエコトーンをつくることです。次ページから、代表的な4タイプについて解説していきます。

防水シートを使った湿地帯ビオトープ

コンテナを埋めて作る湿地帯ビオトープ

コンテナを使った湿地帯ビオトープ

小型の睡蓮鉢を使った湿地帯ビオトープ

A 防水シートを使った湿地帯ビオトープ

庭に穴を掘り防水シートを敷いて土を入れてつくるものです。やや大がかりで設置場所を選びますが、かなり自然風の理想的な湿地帯を再現することができます。

1

設置場所に大まかな穴を掘ります。防水シートを敷いて土を入れるので、想定する水深よりもやや深く掘ります。岸の一部はエコトーンになるように、浅い傾斜をつけて形をつくります。

2

防水シートを敷きます。防水シートは人工池用の高密度ポリエチレンやＥＶＡ樹脂のものを用います。こうしたシートは尖ったものに弱いので、敷く前に丁寧に石や木などを取り除きます。シートの下に毛布やタオル、ブルーシートなどをアンダーシートとして敷いてもよいでしょう。また、防水シートそのものも二重にするとより安心です。

3

上から土を被せます。このまま水を入れてもよいですが、土の質によっては水が吸われて水位が維持できないことがあります。余力があれば、水際にはベントナイト（スメクタイト）などの粘土を混ぜて、遮水処理をするとよいでしょう。

4

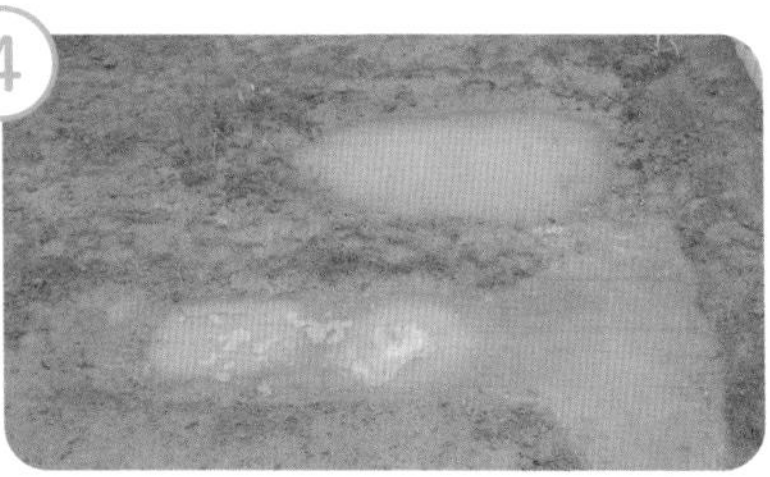

水を入れます。植物を植える場合は、この時に行います。水質が落ち着くまで、魚類などを入れることは避けた方がよいでしょう。

5

完成してから1年後の様子です。陸域から水域にかけてのエコトーンがうまくできていることがわかります。水際のラインは部分的に複雑にすること、なるべく緩やかな傾斜部分をつくることがポイントです。

より手軽に庭先で

B コンテナを埋めてつくる湿地帯ビオトープ

プラスチックコンテナを庭に埋めてつくるものです。シートタイプに比べて比較的手軽にでき、エコトーンもつくりやすいという特徴があります。

1

プラスチックコンテナとしては、セメントを練るために用いる「トロ舟」が丈夫で使いやすいです。これを適当なところに埋めます。縁が地面ぎりぎりになるように設置すると、エコトーンをつくりやすいです。

2

エコトーンのつくり方には2通りあります。1つめは陸域からコンテナの底にかけて土で斜面をつくることです。ここではイグサとマコモの根際の土ごと張り付けてつくっています。

3

エコトーンのつくり方の2つめは、植木鉢などの台になるものを用意して、そこに土や植物を載せていく方法です。適宜、岸際には土を張り付けて連続的にするとよいでしょう。

4

水を入れます。コンテナの底には周囲の土を入れてもよいですが、販売されている赤玉土などを入れても問題はありません。コンテナ内の「陸地」を水際の「陸地」とつなげるようにしてエコトーンをつくっていきます。

5

完成して半年後の様子です。一見すると水際がはっきりせず、エコトーンがうまくできていることがわかります。

ベランダでも
庭の隅でも

C コンテナを使った湿地帯ビオトープ

ベランダや庭などに容器を設置してつくるものです。水を抜いての移動もしやすく、ちょっとしたスペースを使えるので手軽にできます。

1

必要な材料は容器、エコトーン作成用の台、土、植える植物などです。土は販売されている赤玉土などが入手しやすいでしょう。

2

ここではエコトーン作成用の台として植木鉢を用いています。コンテナの縁よりやや低い程度の高さの植木鉢がよいです。

3

設置した植木鉢に植物を植えて、エコトーンができるよう水位を調節します。ここではマコモやミゾソバ、ジュンサイを植えています。

4

設置してからおよそ10日後です。この例では野外から採集してきたミゾソバの塊をそのまま植木鉢上に置いていますが、通常は2～3日で水が澄んできます。

これならうちにも
置けるかも？

D 小型の睡蓮鉢を使った湿地帯ビオトープ

Cと同様に設置型のものですが、小型の睡蓮鉢を用いるのでさらに手軽にできます。

1

必要な材料は容器、エコトーン作成用の台、土、植える植物などです。土は販売されている赤玉土などが入手しやすいでしょう。

2

ここではエコトーン作成用の台として植木鉢を用いています。睡蓮鉢の縁より低い植木鉢がよいです。

3

設置した植木鉢に植物を植えていきます。ここではナンゴクデンジソウやセキショウ、ノチドメなどを植えています。

4

水を入れます。水面ぎりぎりに陸地が来るようにすることで、エコトーンをつくることができます。

雨水浸透桝

ビオトープからあふれる水をそのまま側溝などに流さずに、雨水浸透桝に流れるようにすると、ビオトープからの動植物の流出を防ぐことができます。また、雨水浸透桝を設置すると、雨水が直接河川に流れ込まないため治水対策にもなることから、市町村によってはその設置に補助金が出ることもあるので確認してみるとよいでしょう。なお、屋根上の雨水をすべて処理するためには設計処理量（流れ込む雨水がすべて土中に浸透するかどうか）をきちんと計算する必要がありますが、ビオトープからあふれる雨水を処理する程度であればそれほど厳密にしなくても問題はありません。

1

2

3

4

① 雨水浸透桝は太いパイプの側面に穴が開いたものです。底も抜けています。この他に砕石やふたを用意します。

② 大きめの穴を掘り底に砕石を入れて浸透桝を設置し、周囲にも砕石を入れて固定します。

③ ふたをした状態です。

④ ふたの上から石などを配置し、周辺に植物を植えると自然風の見た目になります。

雨水タンク

湿地帯ビオトープの水はどんどん蒸発していくので、適宜足し水をしていく必要があります。水道水を用いてもよいですが、屋根に降った雨水を雨水タンクに貯留しておき足し水に用いることは水資源の節約につながります。また、雨水が直接河川に流れ込まないため治水対策にもなることから、市町村によってはその設置に補助金が出ることもあるので確認してみるとよいでしょう。

つくった後の維持管理

湿地帯ビオトープはつくって終わり、ではありません。むしろつくった後に手を入れ続けることが重要です。池を伴うビオトープを造成すると、およそ3年間は生物の種数が増加するものの、それ以降は低下することがいくつかの研究例で知られています。かなりの速度で遷移が進み陸地化するからです。

これはP33~で解説したように、湿地帯ビオトープが「二次的な自然環境」であるからで、したがって、手入れを行う(=攪乱を起こす)ことで健全性を保つ必要があります。どの程度のタイミングで手入れをすればよいかはケースバイケースです。様子を見ながら適宜ということになりますが、エコトーンや水面の面積・バランスを見ながら、少し大胆に植物を抜いたり、底を掘って深くしたりなどの作業を入れていきましょう。実はここが湿地帯ビオトープのもっとも面白いところです。ぜひとも手を入れた時の変化や応答を楽しんでください。

また、どんな姿を目指すのかという時には、野生の湿地帯の風景を知ることも大いに参考になります(P100~)。

希少種を守る役割

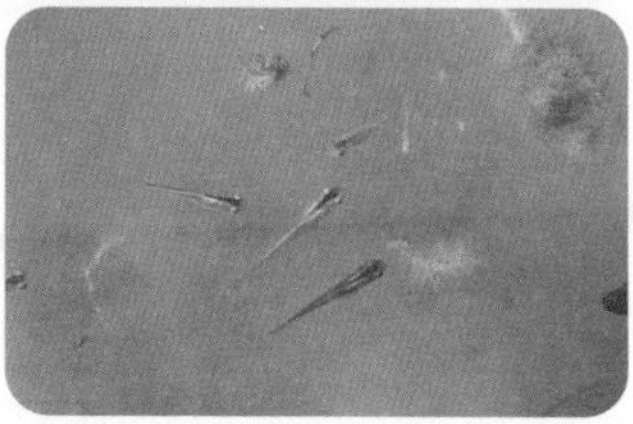

須田孫七さんのビオトープと杉並メダカ

色々な生物が地域的に絶滅しているなか、個人で維持しているビオトープが希少種の貴重な系統保存場所になっている事例もあります。系統保存とは、野生個体群とは別に飼育・栽培下で貴重な種や固有の遺伝的集団を維持することです。

国内でもっとも有名な例としては、故・須田孫七先生が系統保存していた東京都の「杉並メダカ」があります。須田先生は教員をしながら昆虫類をはじめとする様々な生物の研究をしていた方ですが、１９４４年頃に杉並区で採集したミナミメダカを、他のメダカと混ざらないように区別して、自宅のビオトープ池で飼育し続けていました。２００７年になってこのミナミメダカが、純粋な在来ミナミメダカであることが判明しました。

東京都区内では在来のミナミメダカはほぼ絶滅状態にあり大変貴重な集団であることから、現在は井の頭自然文化園など公的機関での系統保存も行われています。須田先生が個人的に飼育を続けていなかったら、失われていた遺伝的集団であったことは間違いありません。

地域によって異なる遺伝的特徴をもった生物は多く、特に淡水魚類や両生類などでは新たな発見が続いています。また、種レベルでももはやその水系には１か所しか産地がない、というような生物も各地に存在します。そうした種や遺伝的集団を湿地帯ビオトープで系統保存し続けていれば、万が一野生個体群が絶滅した場合に、（もちろん絶滅した原因を解決したうえで）再導入という形で生物多様性の再生を行うことも可能です。

このような貴重な系統は、自分で採集してくる他に、公的機関や保全団体、愛好家から分けてもらえる場合もあります。自分の庭の湿地帯ビオトープで希少種の系統保存に取り組むこともやりがいがあり、また違った楽しさと充実感を味わうことができるでしょう。

Q&A こんなときには?

湿地帯ビオトープづくりにおける質問に、一気に回答!

Q ネットでミジンコを買ってもいい?

ミジンコの卵は乾燥に強く、風に乗ってやってきます。発生を待ちましょう。実はどこにでもいるので、近所の水たまりや水田からもらってくるのもよいです。

Q 市販のバクテリアを入れちゃダメ?

ビオトープくらいの規模だと意味がありません。エコトーンを造成して自然に発生するのを待つのがベストです。

Q 水が濁っても生き物は死なない?

泥の濁りであれば死にませんが、生き物を入れるのは濁りが収まってからがよいでしょう。エコトーンが機能しているとすぐに濁りは取れます。

Q 雑草は抜いてもいい?

抜いても構いません。湿地帯ビオトープ管理においては雑草のみならず、中の水生植物などもかなり大胆に抜きつつ管理するのがよいです。

Q 土は買ってきていい?

問題ありません。赤玉土もよいですが、庭の土や近所の土、流域の土をもらってきて使うのがベストです。

Q 買ってきた土から知らない草が生えてきたけど大丈夫？

商品として売られている赤玉土などから生えてくることはあまりないと思いますが、どんな植物か見極めて、問題ありそうなら抜きましょう。

Q 除草剤は使っていい？

湿地帯ビオトープづくりにおいては使ってはいけません。

Q 水道水は入れちゃダメ？

日本の水道水はまったく問題ありません。一晩もすれば塩素も抜けます。

Q 落ち葉は残した方がいい？

残した方がよいですが、あまりに堆積する場合は適宜取り除きましょう。

Q ビオトープに油膜みたいなものが浮いてるけど大丈夫？

湿地帯ビオトープで見かけるものは鉄細菌などによる生物由来の油膜なので問題ありません。

Q どうしても虫が苦手……。どうしたらいい？

好きになってください、と言いたいところですがやはり難しい問題です。ただ、正体が明らかになると嫌悪感は減ります。少しでもなじめそうな虫がいたら、図鑑などで名前を調べてみましょう。

Q オタマジャクシが鳥やヤゴに食べられちゃった！

多少は仕方がありません。生物多様性保全とは生物の関係性を再生するものです。ただしギンヤンマ類のヤゴがあまりに多いとメダカなどは食べられてしまうので、取り出して別のビオトープに移すなどは、私もしています。

Q 人工物は入れてもいい？（コンクリブロックのアルカリ性やプラスチックの環境汚染は怖い？）

コンクリート素材は、特に新しいものではアルカリ性への水質変化に注意が必要です。古いものは問題ありません。プラスチック系素材では、農業用や食品用で問題になるようなものは現在ではほぼ見かけません。

Q ビオトープのまわりに植物は植えた方がいい？

湿地帯ビオトープにおいては水まわりの植物は重要です。例えばコンテナビオトープでも、まわりに植木鉢の植物を

並べたりするのもよいでしょう。

Q ハチは駆除していい？

水を飲みに来ている個体は刺激を与えなければ刺してくることはありません。ミツバチ類は花の受粉に活躍していますし、アシナガバチ類やスズメバチ類は野菜の害虫などを食べてくれます。そっとしておきましょう。ただし、巣がビオトープまわりにできると厄介なので、その場合はなるべく初期に巣を撤去しましょう。

Q ベランダビオトープでも生き物は来てくれる？

来ます。ただし、あまり高層階だとやはり少ないようです。このあたりは私も研究してみたいところです。

Q 家の近くに水場がないけど、どんな生き物が来てくれる？

ゲンゴロウやガムシの仲間は1回に2〜3キロメートルの距離を移動するという研究もありますし、トンボ類はさらに長距離を移動するので、色々な生き物が来るはずです。

Q 蚊は湧かない？

いわゆる宅地周辺で問題になる吸血性の蚊の幼虫は水生ですが、他の生物がいない狭い水域で育ちます。つまりヤゴやゲンゴロウなどが暮らす健全なエコトーンを備えた湿地帯ビオトープをつくれば、蚊は湧きません。蚊を減らすには竹の切り株や古タイヤ、空き缶などの小さな水溜まりを減らすことが何よりも重要です。

Q 引っ越しすることになった。このビオトープはどうするべき？

少しずつ水を減らすとゲンゴロウなどは飛んで逃げていきます。魚やヤゴ、植物などは引き取ってくれる人を探しましょう。それができなければ冷凍殺処分するしかありません。あるいはエタノールで固定して標本にするのもよいでしょう。野外にはすでにキャパシティいっぱいの生き物がいるので、生物を野外に人為的に放つのは環境破壊です。

Q ビオトープをリセットしたい。

水を抜き、底の土を日光に当てて乾かすとリセットできます。

Q 掘った土はどうしたらいい？

ビオトープを掘るために出てきた土は、山にしてビオトープ付近に配置できればベストです。高低差という環境の多

様化も生物を増やします。

Q 水が減ってきた！

水位変動に伴う動植物の変化を楽しむのも湿地帯ビオトープの本質ですが、カラカラにならないよう適宜水は足しましょう。

Q 外来種アライグマが来ていますが放っておいてよいでしょうか？

アライグマはビオトープの生き物を食べますし、マダニ類を運搬したり、感染症を媒介することが知られており、あまりにたくさん来るようなら対策が必要です。特定外来生物として駆除をしている行政もあるので、お住まいの市町村に相談してみてください。

Q ろ過装置は必要？

湿地帯ビオトープにろ過装置は不要です。健全なエコトーンができると驚くほど水はきれいに保たれます。

Q 雨水は汚い？（酸性雨が心配）

現在のところ生物が死滅するほどの強い酸性の雨は国内では確認されていません。したがって、ビオトープの水として使う際には気にしなくても大丈夫です。

Q 観賞用のビオトープはダメ？

ダメではありません。ただし、そのビオトープが生物多様性の破壊につながらないよう、入れる生物にはいくつかの注意点があります。P38〜を参考にしてください。

Q 陸と水の割合は？

水をためることができるスペースは一般に限られるので、水の割合を大きくすることを意識した方がよいでしょう。陸部分はビオトープ外をうまく使うのがポイントです。

Q 緑色の藻類が繁茂しました。どうしたらよいですか？

なかなか厄介です。ひとまずは割り箸などで除去し続けましょう。栄養分のバランスの問題でもあるので、エコトーンがうまく機能していくと落ち着く場合が多いです。

Q ビオトープの日当たりはよいほうがいい？

一般的にはそうですが、強い日光を嫌う湿地帯生物もいるので、日陰は日陰なりに一味違う湿地帯ができてきます。

2章

すばらしきビオトープ探訪

自宅 ①

明るい湿地がメインの複合型

所有者 中島 淳

場所 九州（福岡県）

水辺のタイプ シート式（メイン）、コンテナ、睡蓮鉢

メインの湿地帯ビオトープ。写真左側を浅いエコトーンとして維持しています

勝手にやってきた生物

ギンヤンマ、シオカラトンボ、ハラビロトンボ、マツモムシ（ときどき）、エサキコミズムシ、ケシカタビロアメンボ、ヒメアメンボ（ときどき）、チビゲンゴロウ、スジヒラタガムシ（ときどき）など

その他の生物

ミナミメダカ、ナンゴクデンジソウ、ジュンサイ、トチカガミ、ミズオオバコ、ヨシ、マコモ、マツモ、ミズユキノシタ、キクモ、ヒシモドキ、イヌタヌキモ など（すべて近郊地域産）

オイカワ丸の自宅の湿地帯です。メインの池はシート式で、屋根に降った雨水の一部が流れ込むようになっています。排水は雨水浸透桝を通して地下に浸透する仕組みに。２０１３年に造成後、増えすぎた水生植物を毎年こまめに管理して、浅く開けた湿地帯を維持しています。２０２３年現在はこのメインの湿地帯ビオトープに加えて、埋めるタイプのコンテナビオトープ５つと、設置タイプの睡蓮鉢ビオトープ２つを管理しています。湿地帯のある暮らしはまったく飽きません。

年月とともに仕上がっていく

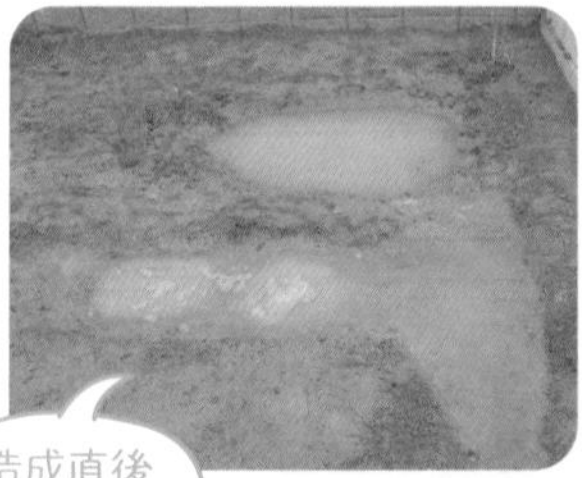

造成直後
（2014年）

造成から1年後
（2015年）

造成から7年後
（2021年）

反対側から見た風景。
水深は浅く、20センチ程度

ミズオオバコ

ジュンサイ、トチカガミ、
キクモなどが繁茂

楽しみ方、
いろいろ

付属する小湿地では
田植えも楽しめます

マルタンヤンマの
抜け殻。
この種が現れたのは
1度だけ

次はいつ来るんだい…

超常連

エサキコミズムシ。
造成初期に
どこかから飛来して
ずっと繁殖中

コンテナビオトープ1号。
自宅周囲から採集してきた
ミナミメダカが入っています

コンテナビオトープ2号。
ガシャモクやヒシモドキなど
希少水草の系統保存中

こちらは
コンテナ&睡蓮鉢

睡蓮鉢ビオトープ1号。
コウホネなどの希少水草の
系統保存中

交尾する
ニホンカナヘビ。
どんどん
増えています

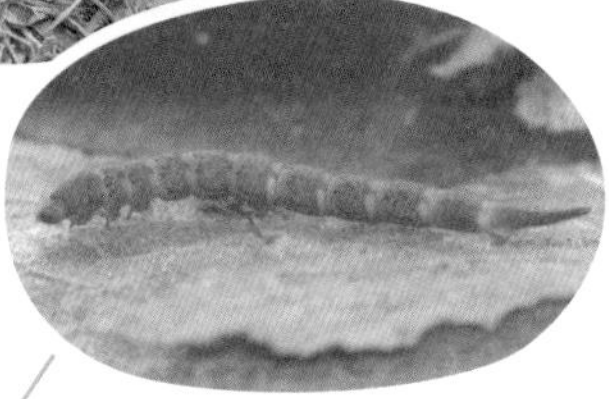

2022年に現れた
ヒゲナガハナノミの
幼虫

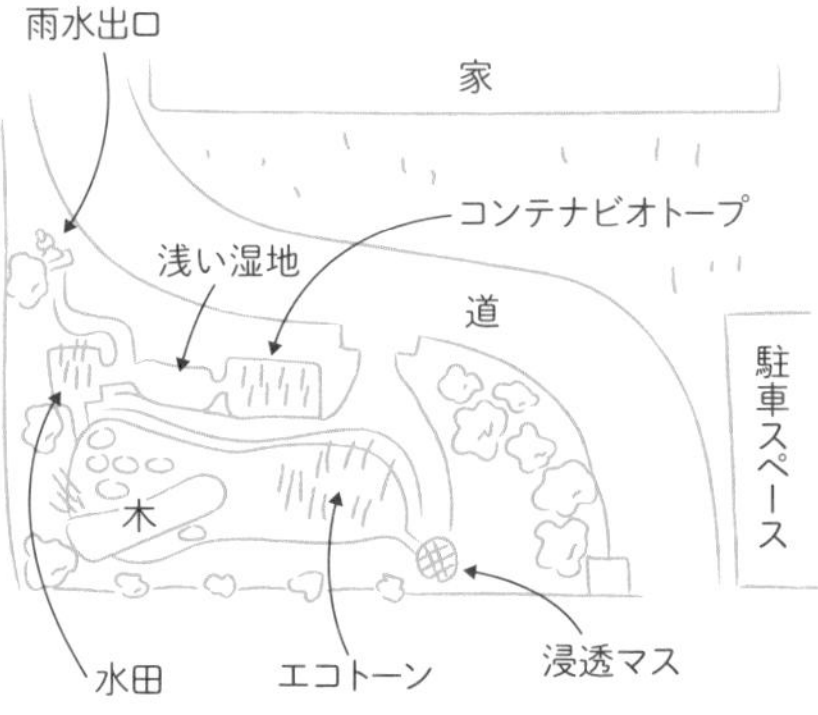

維持管理として重要な
草刈りの様子です

増えすぎるマコモは
どんどん抜いていきます

自宅 2

住宅地にカエルが卵を産みに来る

所有者 大童澄瞳
場所 本州（関東）
水辺のタイプ コンテナ、素掘り

メインの2つのコンテナビオトープの間はベントナイトを混ぜ込んだ土でできた湿地になっており良いエコトーンができつつあります

オオシオカラトンボが飛来！

漫画家の大童澄瞳さんの自宅の湿地帯です。2つのコンテナの池をメインにコンテナ内からコンテナ間にかけてのエコトーン、また周囲にヒョウタン池や素掘りの池を配置したりと、複雑な構成になっています。

2019年に造成後、すでにヤマアカガエルとアズマヒキガエルの2種のカエルが産卵に来てくれています。現在も常に手を加え続けており、さらに色々な動植物がやってくることが期待できます。

木の下にある
ヒョウタン池と素掘りの池。
素掘りの池は底土にベントナイトを
混ぜ込み遮水しています

ヤマアカガエルの卵のう

勝手にやってきた生物

オオシオカラトンボ、アズマヒキガエル、ヤマアカガエル など

その他の生物

ミナミメダカ、ヒメモノアラガイ、オオカナダモ など

繁殖中の
アズマヒキガエル

アズマヒキガエルの卵のう

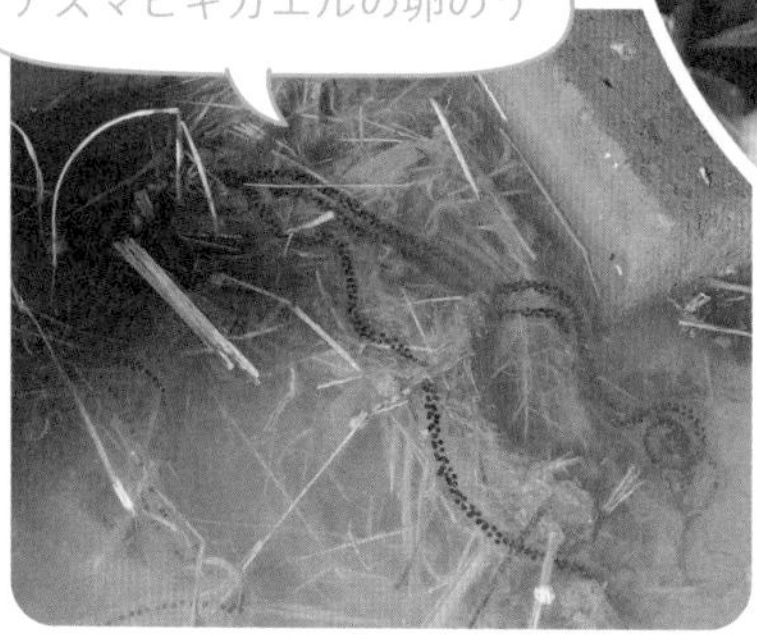

ついに池で
産卵成功！

上陸した小さな
ヤマアカガエルたち

水陸をつなぐものそれがエコトーン

さらなる
エコトーン造成を
進める大童さん

水と土に触れるよろこび

雨水タンク。
日常の水はこのタンクから
取水して使用しているとのこと

庭には木を積んだ場所もあり、
たくさんの生き物がいます

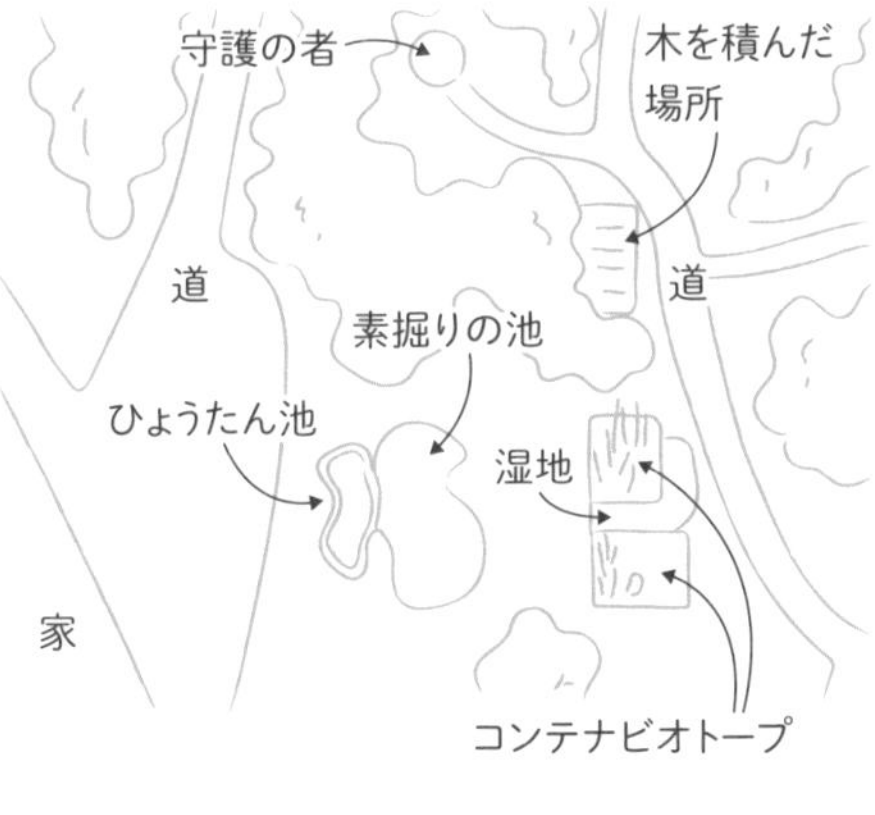

守護の者

林内に鎮座する
自作のタヌキ像

自宅 3

山間の湿原を切り取ったような

所有者　平澤桂

場所　本州（福島県）

水辺のタイプ　シート式

水族館職員で水生昆虫類の研究者でもある平澤桂さんの自宅の湿地帯です。見た瞬間に圧倒される自然度の高い池はシート式で、大きさは4メートル×2メートル、水深は50センチほどもあります。

また、その池の横には浅い湿地帯も造成されています。これにより多様な湿地帯環境が再現されており、2013年の造成以来さまざまな水生昆虫が入れ替わり立ち替わりやってきています。

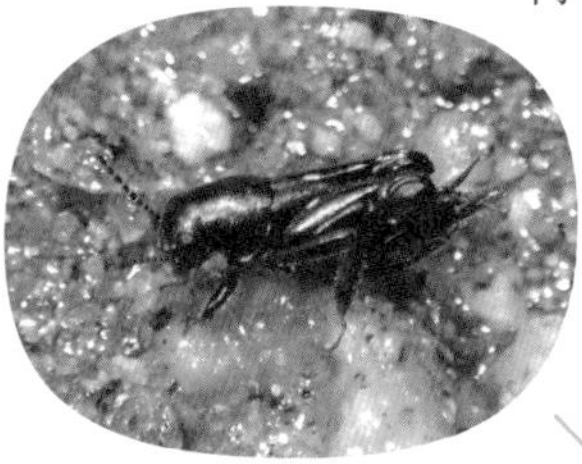

湿った環境を好むノミバッタ

メインの池はシート式。
池の手前にみごとなエコトーン。
2013年に造成して
10年が経過しています

オオミズゴケの
小さな湿原！

この盛り上がりを
見て！

2013年の造成直後の写真。
岸際にはミズゴケ類を植えていますが、
10年たって成長し全体が
盛り上がったことがわかります

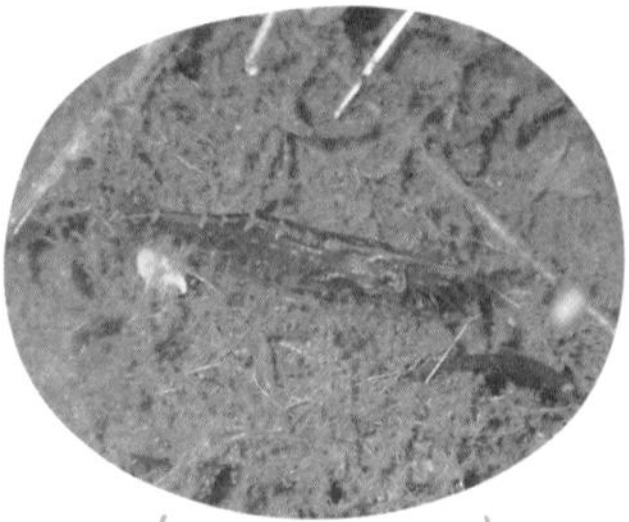

どんどん増える
ヌカエビ

2020年に新しく造成した浅い湿地帯。
これもシート式。
ミズアオイが美しい花を咲かせています

第2の池

勝手にやってきた生物

クロイトトンボ、モノサシトンボ、ギンヤンマ、ヤブヤンマ、オオシオカラトンボ、ノシメトンボ、マイコアカネ、マツモムシ、ヒメアメンボ、ヤスマツアメンボ、オオアメンボ（1回だけ)、ヒメゲンゴロウ、マメゲンゴロウ など

その他の生物

シナイモツゴ、キタノメダカ、ヌカエビ、オオミズゴケ、ミズニラ、ジュンサイ、マツモ、ミズアオイ、ヘラオモダカ など

スヤスヤ…

池の周囲にはニホンカナヘビが多く、
たまたま掘った池の岸際には卵が！

池の中で飼われている
希少種・シナイモツゴ。
近郊地域産

成長した木が
よい日陰を
つくっています

周囲の岩には
ジグモの巣が！

ミズアオイの葉を
かじっていた
オンブバッタ

取材中に池の周囲を
うろうろしていた
ヒメアカネ

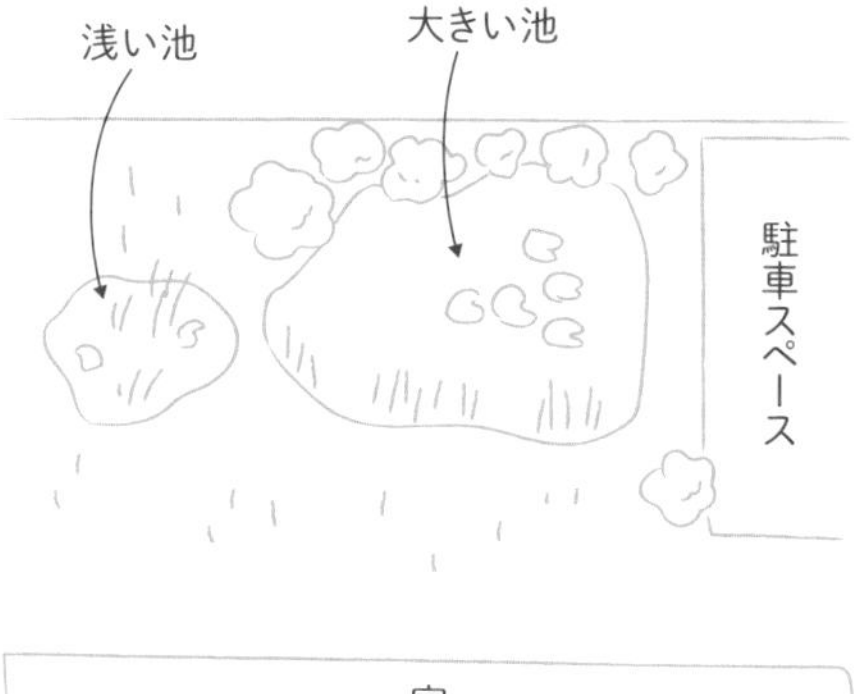

日常管理は草刈り程度。
伸びすぎた植物を剪定ばさみで
切っている平澤さん

自宅 4

小川が流れる庭を現実に

所有者 斉藤雄太
場所 本州（長野県）
水辺のタイプ シート式

メインの池はシート式。
池の周囲に良好なエコトーンが形成されています

学生時代に昆虫類の研究にも取り組んでいた斉藤さんの自宅の湿地帯です。シート式の池にはなんと小川が流れ込んでいます。この小川は井戸からくみ上げているもので、流量も自在に調整できます。かけ流しなので池尻には浸透桝を設置していますが、流入量とバランスがとれるように、その大きさはきちんと計算されています。

２０１５年の造成後はこまめに記録をとっており、これまでに30種類以上の水生生物が確認されているそうです。

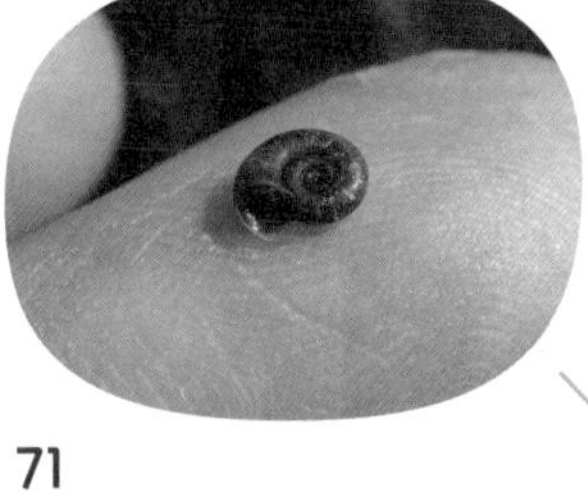

棲みついた
ヒラマキミズマイマイ

庭に川があるという
われわれの夢

池に流れ込む小川は
井戸水を汲み上げているもの。
夏も冷たい水が流れています

常連の
ヒメアメンボ

小川の
完成直後の
様子

小川は2020年の造成。
大まかな形をつくり、
防水用にシートを
敷いています

バルブにより水量を
調節することができます

2015年の
造成中の様子

草刈りをする
斉藤さん

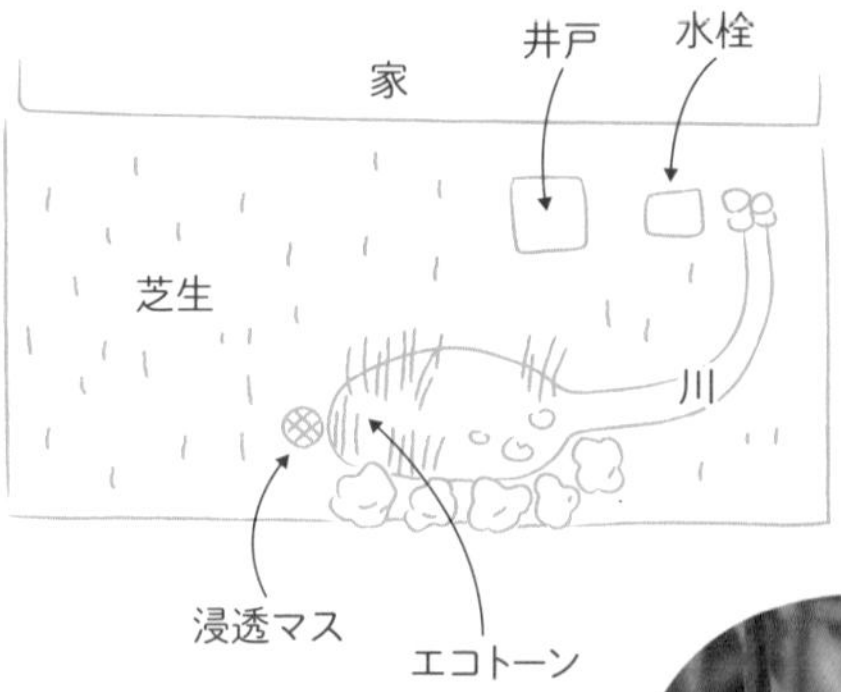

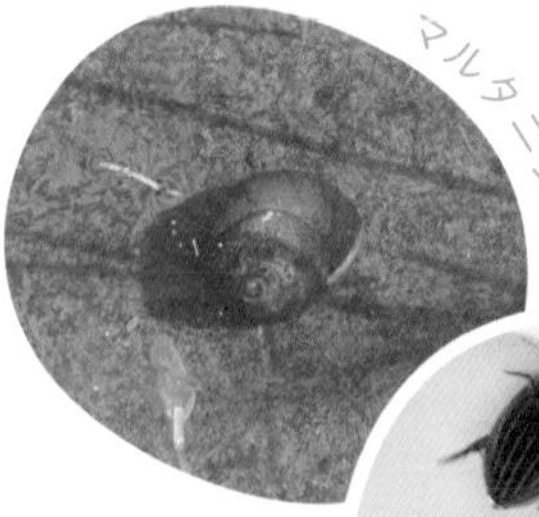

マルタニシ

コシマゲンゴロウ

モートンイトトンボ

この透明度を見よ

水面に浮かぶ
トウキョウダルマガエル

小川の流入部。
透明度が高いです！

流入部

池尻には浸透桝を設置。
井戸水のかけ流しになるので
流量を計算して、
サイズを決定しています

池尻

勝手にやってきた生物

オオアオイトトンボ、アジアイトトンボ、オツネントンボ、ホソミオツネントンボ、クロスジギンヤンマ、シオヤトンボ、アキアカネ、ミヤマアカネ、マツモムシ、ヒメイトアメンボ、マダラケシカタビロアメンボ、ヒメアメンボ、コセアカアメンボ、チビゲンゴロウ、ヒメゲンゴロウ、コシマゲンゴロウ、トウキョウダルマガエル など

その他の生物

ミナミメダカ、ドジョウ、ヒガシシマドジョウ、ヌカエビ、マルタニシ、ジュンサイ、ミツガシワ、ヨシ など

自宅 5

睡蓮鉢の壮観な湿地〝帯〟

所有者 かれっくす
場所 本州（愛知県）
水辺のタイプ 睡蓮鉢

ずらりと並ぶ睡蓮鉢と
繁茂する水生植物は圧巻です

勝手にやってきた生物

アジアイトトンボ、ギンヤンマ、オオシオカラトンボ、マルミズムシ、ホルバートケシカタビロアメンボ、ケシカタビロアメンボ、ニホンアマガエル など

その他の生物

デンジソウ、オニバス、オグラコウホネ、ヒメコウホネ、ヒツジグサ、マルバオモダカ、ヤナギスブタ、スブタ、ヒロハホッスモ、ミズオオバコ、ガシャモク、ヒロハノエビモ、ヒメミクリ、オオミクリ、イセウキヤガラ、ミズスギナ、ミズネコノオ、ミズトラノオ、オニビシ、ミズユキノシタ、ヒシモドキ、ノタヌキモ、ミツガシワ、ヒメシロアサザ など

ペットショップ社員で、なごや生物多様性保全活動協議会で様々な保全活動をしている水草愛好家・かれっくすさんの自宅の湿地帯です。

ずらりと並ぶ50個以上の睡蓮鉢には産地が明確な水生植物が70種類以上栽培されています。しかし、これだけの水場があれば当然、湿地帯としても機能しています。エコトーンの主役である水生植物の生態を考慮したセッティングをした結果、いくつかの睡蓮鉢にはみごとなエコトーンが完成しています。

エコトーンを備える
コンテナも。
中にはサラセニアが
入っています

美しい花を咲かせる
ミズスギナ。
愛知県での
絶滅産地の系統

オオシオカラ
トンボのヤゴ

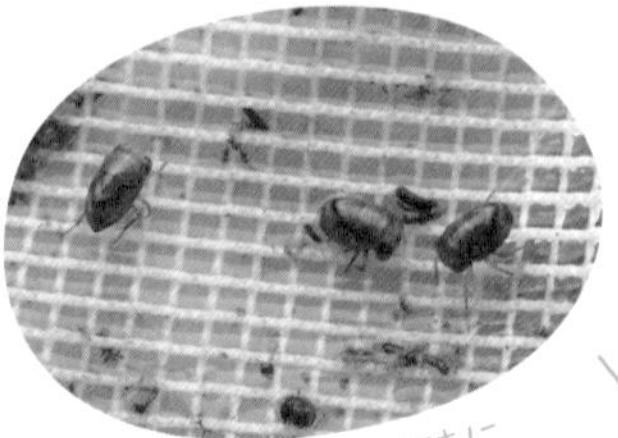

取材時に
調査をさせてもらうと
マルミズムシを発見！

ニホンアマガエルの
貴重な繁殖場に
なっている

自慢のラインナップ

デンジソウ

アサザ

ヒシモドキ。
こちらも愛知県での
絶滅産地の系統

自慢の鉢はまだ続く

オニバスとトチカガミ

ミツガシワ。
水面に浮いているのは
今となっては珍しい
在来のアカウキクサです

クロハリイ。
水草は種によって
好みの水位が異なるので、
生態にあわせて中の鉢の
高さや角度を調節しています

ミズトラノオ、ゴマシオホシクサ、
クロホシクサを栽培する鉢。
鉢の中に鉢をいれています

これでも
ホンの一部です

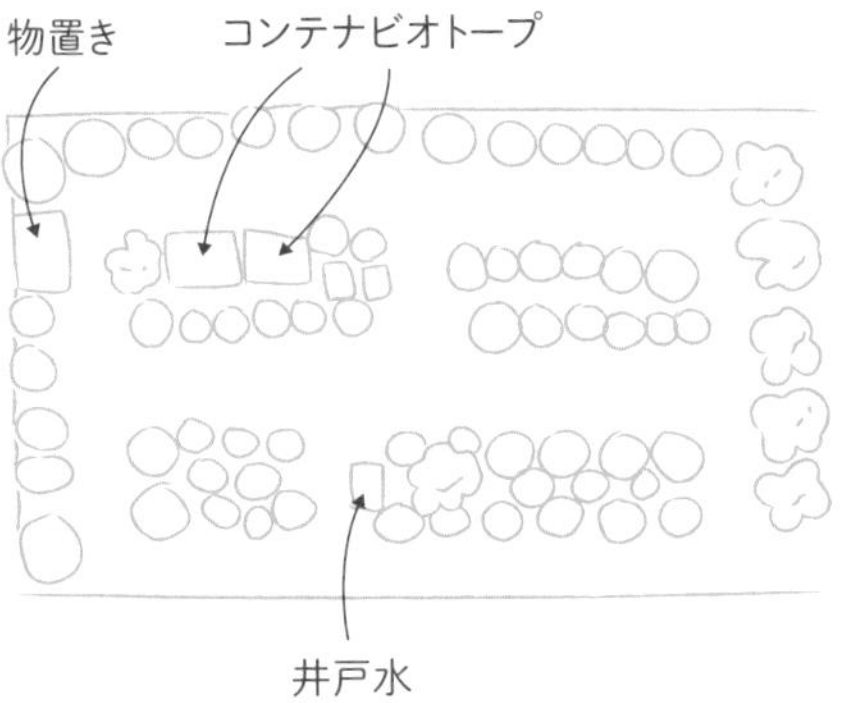

たくさんの水草に囲まれる
至高のひと時を楽しんでいる
かれっくすさん

みんなのビオトープ

ツイッターで見つけたすばらしい湿地帯ビオトープたち

タだお（@zarigani03）さん

コンテナ式です。埋めたコンテナに盛り土をして、陸域までのなだらかなエコトーンを造成。コウホネやセリが育っています。ニホンアマガエルも勝手にやってきて毎年産卵をしているそうです。

たいち（@taiyakiiida）さん

シート式の池です。うまく石組みをして水際にエコトーンを造成しています。近くの側溝から採取した土を入れたところシャジクモなどが生えてきて、1年目からシオカラトンボも飛来したそうです。

おうる（@Karasuageha_a）さん

コンテナ式です。埋めたコンテナに盛り土をして、陸域までのなだらかなエコトーンを造成。アジアイトトンボやシオカラトンボ、チビゲンゴロウ、さらにはニホンアマガエルもやってきているそうです。

Nina（@rda2015jp）さん

シート式の池です。なだらかな盛り土で良好なエコトーンを形成しています。シオカラトンボがやってきており、さらにトンボの種類が増えるのを期待中とのこと。

小林成彦（@naru422）さん

小林さんはたくさんの本格的なビオトープをお持ちですが、その一つは、なんと鍋です。鍋ですが、ヒルムシロやミクリ類の繁茂する浅い湿地帯、つまりエコトーンの再現に成功しています。水さえたまれば素晴らしい湿地帯をつくることができる一例です。

絶対に、世界に一つだけ

ここに登場してきたマイ湿地帯ビオトープを見てみると、すべてがまったく違うことに気づくと思います。それぞれのオーナーに固有の動機や思い入れがあり、実現可能な範囲で、自分にとって最高の湿地帯ビオトープを目指しています。正解があるものではないのです。

また、たとえ誰かと同じ湿地帯ビオトープを目指すとしても、できたものは絶対に同じものにはなりません。あなたの住むところにはそこだけの自然環境と生物多様性があり、それに加えて様々な偶然がその場に影響を与えていきます。完全にまったく同じ土台をつくったとしても、その湿地帯は必ず世界に一つだけのものに育っていくのです。

ここまでは自宅ビオトープを紹介してきましたが、見本にできるのは誰かの自宅ビオトープに限りません。公園などにある大きなビオトープから参考にできることはたくさんありますし、野生の湿地帯から学ぶことは無限にあるでしょう。この本でもそうしたビオトープや湿地帯を少しだけ紹介しているので（P84～）、興味をもったらぜひ調べたり、実際に訪れたり、探しに行ったりしてみましょう。

さて、P80～81では、大童澄瞳さんに、私たちの「こんなのあったらいいな」を目いっぱい詰め込んだ、「最強のビオトープ」像を描いてもらいました。空想上のものではありますが、まったくの絵空事というわけではありません。実現性をもって描かれた、私（オイカワ丸）と大童澄瞳さんの理想の、少し未来の湿地帯ビオトープです。

頭の中であれこれ理想のビオトープ像を思い浮かべることはそれだけで楽しいことですし、生き物や環境の保全について思いを巡らせることができる、よい機会です。ぜひ、まずは、「自分にとっての最強のビオトープ」を考えてみてください！

最強の
ビオトープだ！

これが
ワシらが考えた、

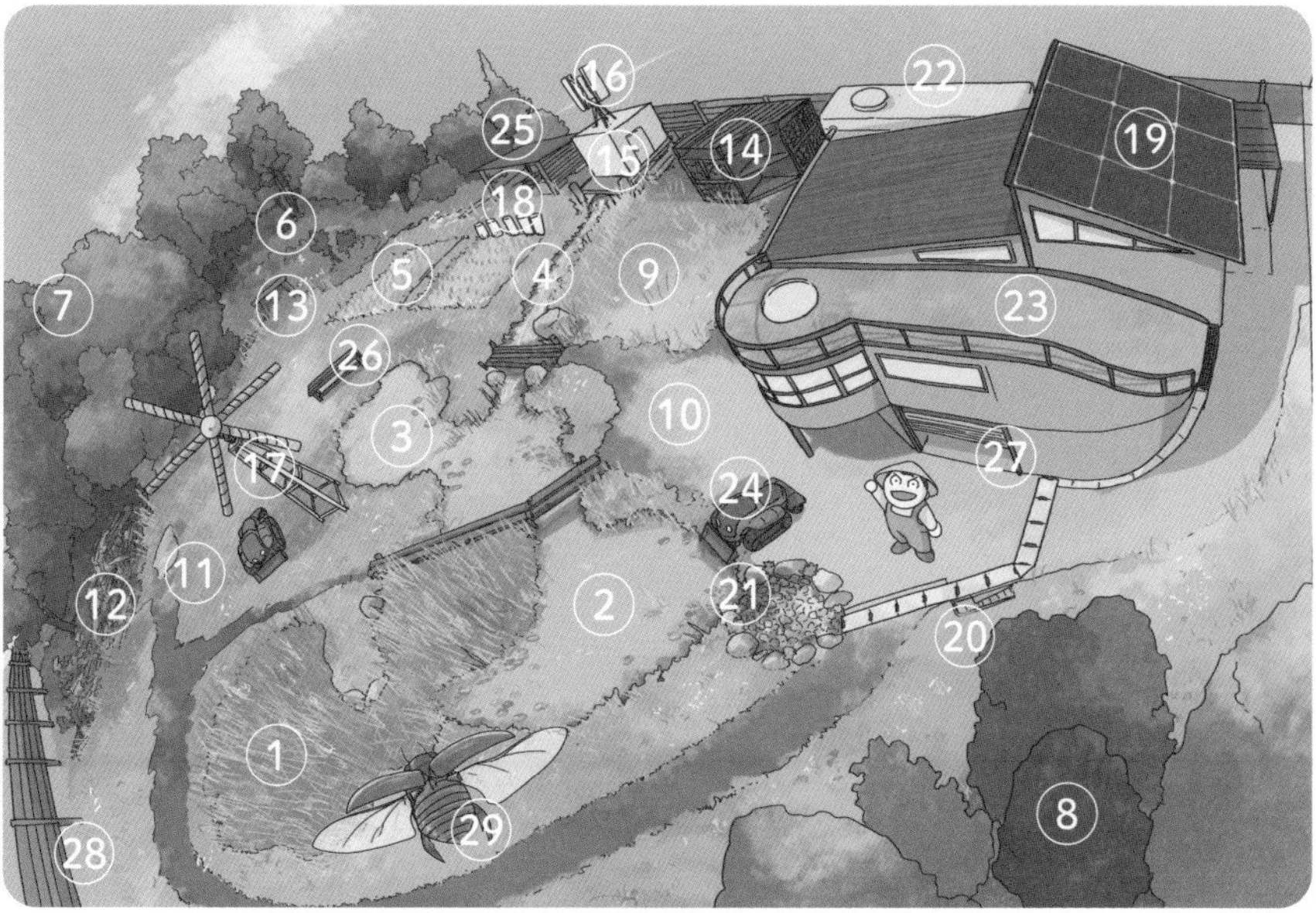

「最強ビオトープ」解説

池と陸の境界であるエコトーンを中心に、入り江、小川、水たまり、水田、築山、森林、草原、裸地と多様な生態系を配置しています。要所要所に材木置き場やバグホテル、穴を用意して、生物の住処をさらに増やしました。生き物の移動を妨げないように、側溝にはスロープを、柵の下には隙間をあけています。

水の節約・洪水対策には、雨水タンクと雨水浸透桝が活躍します。屋上緑化は気候変動対策にもつながるでしょう。それから、手入れを自動的にしてくれる水陸両用草刈りロボも動いています。また、持続可能なビオトープには再生可能エネルギーによる電力確保も重要です。2種類の風車、微生物、太陽光による発電を行い、住居や地下水を汲み上げるポンプ、自動草刈りロボの電源などを確保しています。

肝心の管理者である私たちのために必要なのが、作業小屋や倉庫、そして風景を眺めるベンチです。適切な場をつくることで、次々と色々な生物がやってきて、だんだんと変化していくにぎやかな湿地帯ビオトープを楽しむことができます。

解説

1 湿地帯のエコトーン：本書の最大のテーマ！　陸でも水でもない場所。水生昆虫類をはじめ様々な生物の命のよりどころです。

2 池：湿地帯ビオトープの主役はやはり池。ある程度の開放水面と水深が重要です。

3 入り江：岸際は複雑に、入り江があると環境の多様性が上がります。

4 小川：地下水を汲み上げてさらさら流れる流水を。流水にしか棲めない生物も多いのです。

5 水田：せっかくなので田植えもしてみたいです。水田は生命のゆりかごの一つ。

6 築山：平地から山地へかけての勾配・斜面、これも重要なエコトーン。

7 森林A：築山とセットのうっそうとした森は照葉樹林がよさそうです。100年後には巨木だらけにしたいところ。

8 森林B：建物周辺の開けた場所にはクヌギやコナラなどの落葉樹林がよさそう。常に手を入れて、カブトムシやクワガタムシの楽園に。

9 草原：開けた明るい原っぱは、様々なバッタ類や鳴く虫の大事な住処となります。

10 裸地：土の地面はハンミョウ類など、一部の昆虫類にとって重要な場所なのです。

11 水たまり：池や川から切り離された小さな水たまりは両生類の産卵場に最適。

12 材木置き場：切った木を積んでおくと、色々な生物がやってきて増えていきます。

13 穴：どんな動物が利用するのでしょうか？　タヌキ？　また、こうした暗い環境を好む生物も多いのです。

14 バグホテル：最近話題の昆虫の住処。竹筒を詰め込むとハチ類の巣に、その他色々な素材を詰め込むことで色々な動物の住処に。

15 ポンプ：井戸水を汲み上げてさらさら流れる小川を維持します。

16 垂直軸式マグナス風車：発電してポンプを動かします。近年注目されているマグナス風車はプロペラがなく、風を受けた円柱全体が回転して発電します。鳥の衝突も防ぎます。

17 プロペラ式風車：こちらも発電用。すでに多くの実績があるプロペラ式の風力発電機です。

18 泥電池：泥中の有機物を微生物が分解する際に発生するエネルギーを利用して発電します。水質浄化にもつながる要注目の発電方法。

19 太陽光パネル：再生可能エネルギーと言えば、太陽光発電。屋上など人工物にとりつけることで、生物多様性との共存が図れます。

20 這い上がれるスロープ：やむを得ずコンクリート側溝を使用せざるを得ない場合は、落ちた生物が這い上がれるようなスロープ付きが必須です。

21 雨水浸透桝：雨水やオーバーフローした水は周囲に流さず地下に浸透させます。地下水の涵養になり、洪水対策にもつながります。

22 雨水タンク：建物の屋根に降った水は少しでもためておきましょう。庭の水やり、池の注水に活躍します。流れ出る水を減らすことで、洪水対策にもなります。

23 屋上緑化：発電に使わない屋根は緑化することで気候変動対策になります。もちろん生物の棲む環境にもなります。

24 水陸両用草刈りロボ：池の周囲や草原は常日頃から手を入れ続けることで生物多様性が高まります。

25 小屋：よく使う道具は屋外の小屋にしまっておきます。ツバメが巣をつくるかもしれません。

26 ベンチ：腰かけて、湿地帯ビオトープを眺めるのに使います。

27 倉庫：濡れては困る機械や道具を保管。雨の日の作業場としても必要です。

28 柵：設置する柵は下の部分を開けておきます。動物の行き来が自由になります。

29 空を飛ぶゲンゴロウ：よい場ができれば、やがて色々な生物がやってきます。水生昆虫たちは日夜私たちの頭上を飛んで、よい場所を探しています。

出かけて見る ①

井の頭池　東京都三鷹市

冬季に水を抜く「かいぼり」で有名な井の頭池は、エコトーンにおいても見るべきものが大きいです。井の頭池はもともと自然の池ですが、公園化に伴い岸辺に人工の護岸が施されてエコトーンの多くが失われました。しかし、近年は東京都とNPO法人生態工房、市民ボランティア井の頭かいぼり隊により積極的にエコトーンの再生が進められ、鳥類や水生昆虫類、水生植物を中心に多くの湿地帯生物が戻ってきています。

力を注げば
戻ってくる！

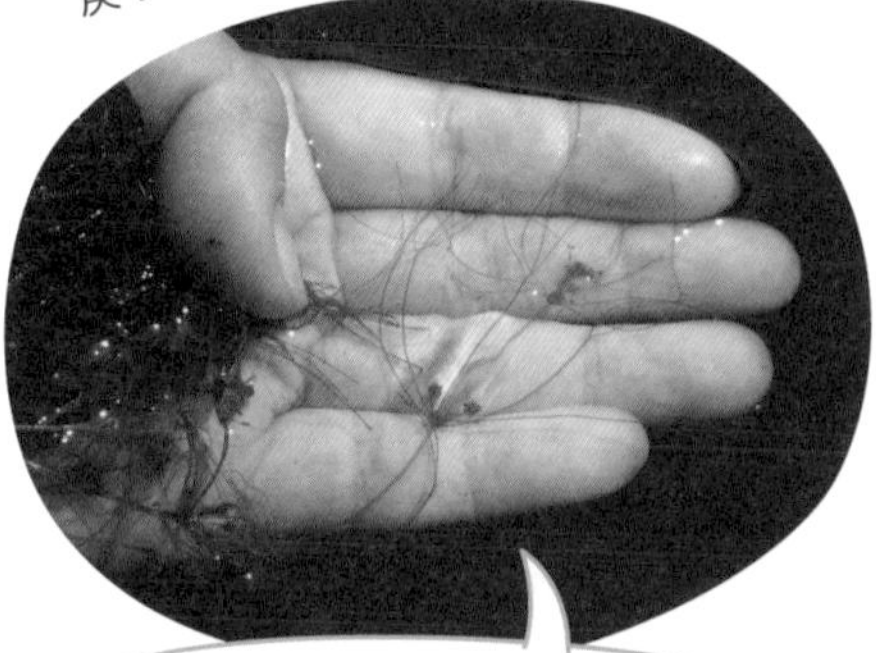

「かいぼり」と外来種駆除で
復活したイノカシラフラスコモ

まだまだ子どもの木

現在（2022年）造成中の
ハンノキの林

要所で
再生されている
エコトーン

エコトーン再生の
意義を伝える看板

各所に生き物の
解説パネルが設置

出かけて見る ②

田無神社・龍神池

東京都西東京市

池の一部は石を組んでエコトーンを造成

神社と言えば池ですが、ここ田無神社の龍神池はNPO birthの協力のもと、生物多様性の保全につながる池を目指して2018年につくられました。池はシート式で、「逃げ出しても問題がない遺伝的集団」の生物のみで構成されることを目指し、動植物や土にいたるまですべて、同一水系の近傍地から持ち込んだものにこだわっています。周囲からクロイトトンボやコセアカアメンボなどが飛来して定着しており、今後の変化が楽しみです。

龍神池の看板

コセアカアメンボも飛来して定着

反対側から見た様子

石のエコトーンもイイ！

浅場に繁茂するコナギ

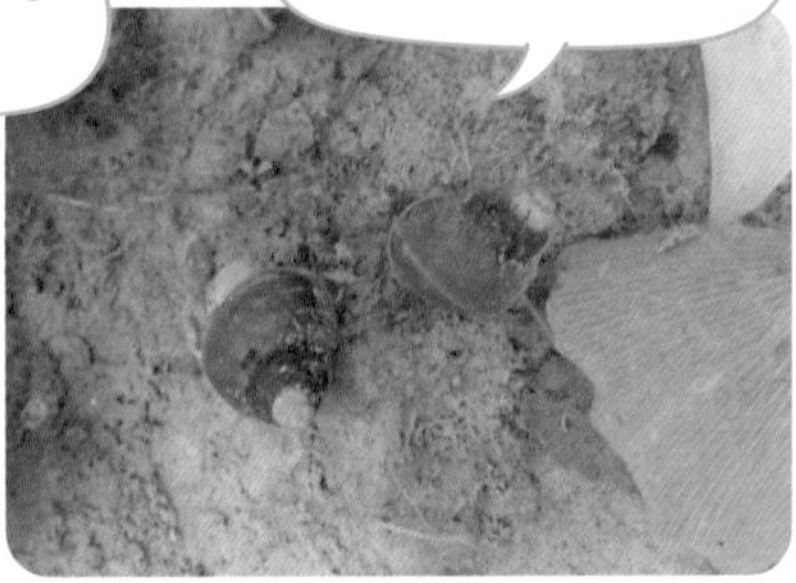

近郊産地から持ち込んだヒメタニシ

No! 放流

生物を勝手に持ち込まないよう注意喚起の看板

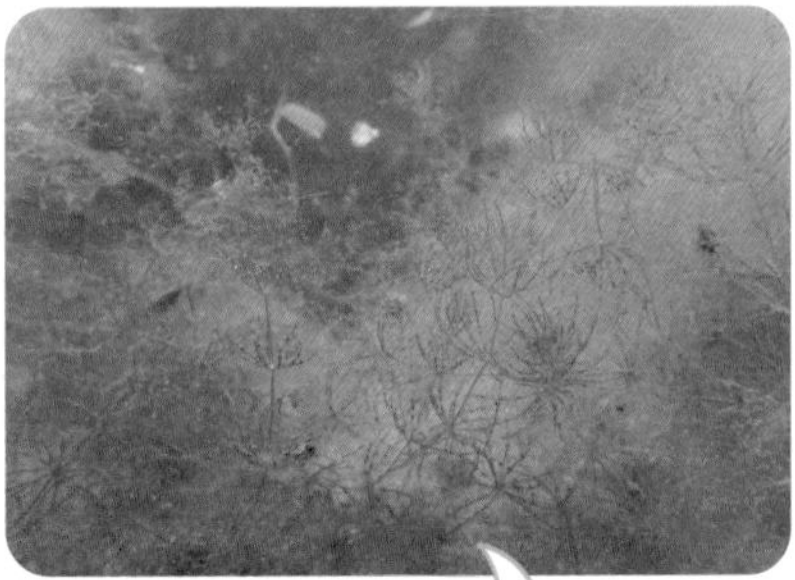

勝手に生えてきたシャジクモ

横沢入里山保全地域　東京都あきる野市

二次的自然環境として
手入れされた里山の風景

解説の看板

一時は宅地開発の計画地でしたが、7つの谷戸からなる休耕地に多くの希少な生物が見られることから、その豊かな自然環境を保全していくため2006年に東京都の里山保全地域に指定されました。ここでは水田、小川、池などすばらしいエコトーンを備えた様々な湿地帯を見ることができます。都・地元自治体・住民・ボランティア団体の手により計画的に手入れがなされ、都内では貴重な動植物が多く生き続けています。

すばらしい
エコトーンが各所に

春を待つ…

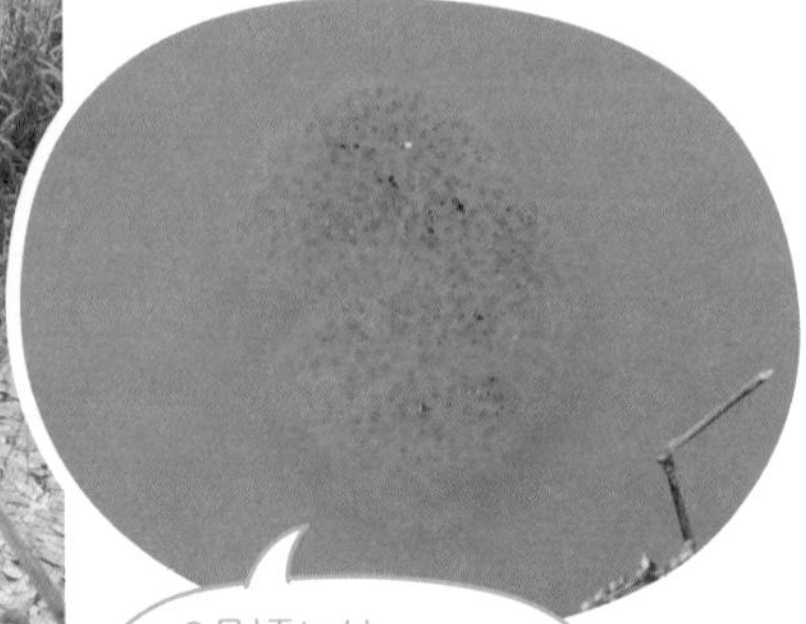
2月頃には
ニホンアカガエルの
卵のうが見られる

ずらりと並ぶ
コンテナビオトープ群は
希少種の重要な保全場所に

成虫
シンボルともなっている
ヤマトセンブリ

都内では貴重な
在来のキタドジョウも生息

幼虫
ヤマトセンブリの
幼虫は水生

トウキョウ
サンショウウオの
幼生も！

出かけて見る ④

北九州市響灘ビオトープ　福岡県北九州市若松区

海を埋め立てて造成した廃棄物の処分場に自然と水がたまり、やがてできた湿地帯に多数の生物が生息するようになりました。そこで、当初の予定を変更して生物のためのビオトープ公園として北九州市が整備し、2012年に開園した場所です。広大な湿地帯と草原の中に、ベッコウトンボやトノサマガエル、チュウヒなどの希少種をはじめ多く

の動植物が見られます。そのため、環境省の重要湿地の一部にも選定されています。

出かけて見る ⑤

北九州市立 山田緑地のガマの池

福岡県北九州市小倉北区

森のほとりにある ガマの池

日本軍やアメリカ軍の弾薬庫として利用されたことから開発から逃れ、豊かな自然環境が残されていた場所に北九州市によって１９９５年に整備された公園です。その一角にある「ガマの池」はシート式の池で、造成から28年以上が経過して多様な水生動植物の貴重な生息環境になっています。繁茂する水生植物を定期的に除去するなどの管理をすることで、浅く開けた良好な湿地帯を維持しています。

池のほとりには看板

現在はフトイ類が繁茂し、
良好なエコトーンを維持

多く生息している
アカハライモリ

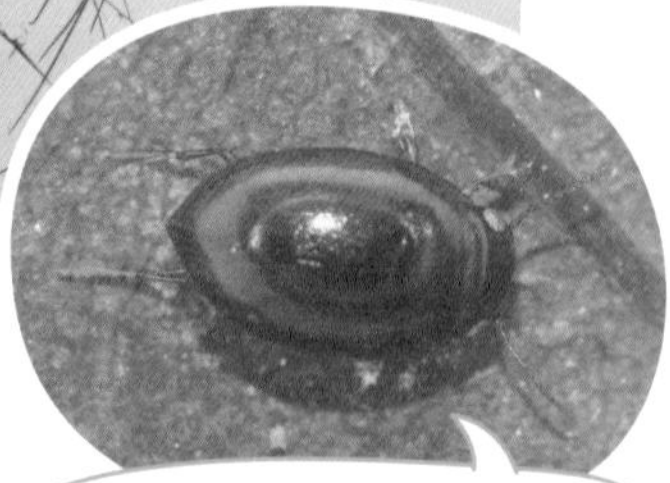

オオマルケシゲンゴロウなど
希少な水生昆虫類が多産

黄金色に輝く

鮮やかな
キイロコガシラミズムシ

右ページと見比べてね

10年ほど前の様子

出かけて見る 6

手光《てびか》ビオトープ

福岡県福津市

休耕田を掘削して造成したビオトープで、福岡県が管理をしています。もともと水田だった場所ですが、休耕後はセイタカアワダチソウなどが繁茂するやや湿った草地となっていました。

そこで2011年に重機を用いて元の水田の形をベースとして池状に掘削して水をためたところ、3年間で100種類以上の動植物が出現しました。いずれも周囲から自力で移動してきたものや地下の種子から発芽したものです。

人の手なくして
再生はなし

繁茂した
ヒメガマの除去など
維持管理が重要

勝手にやってきて
増えているドジョウ

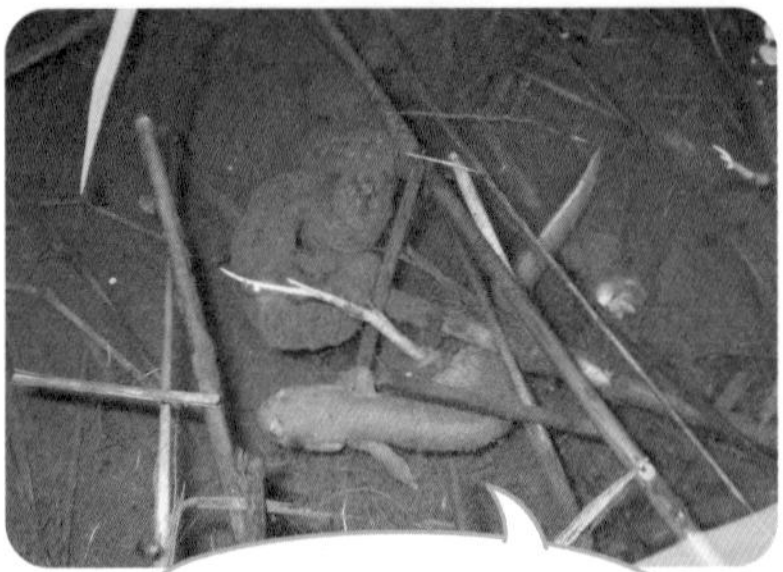

絶滅危惧種の
カスミサンショウウオが
毎年繁殖

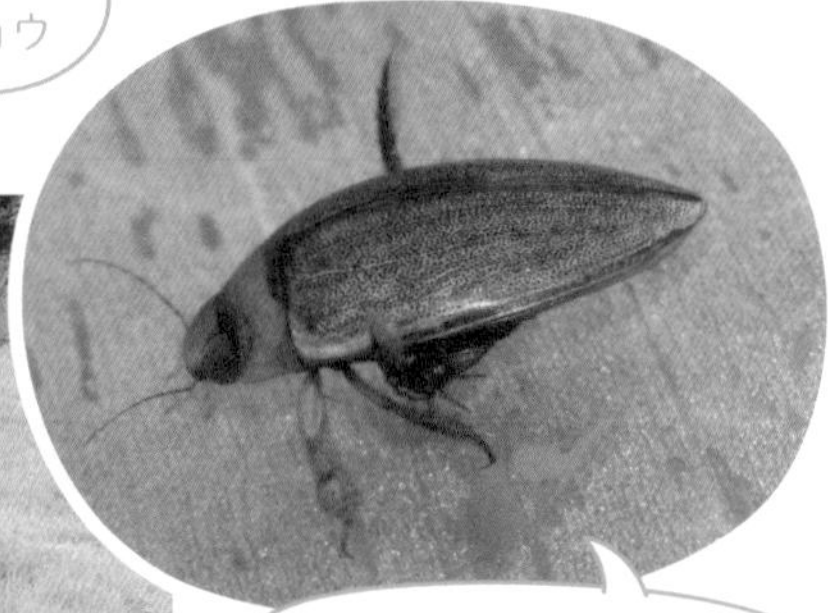

ウスイロシマゲンゴロウ。
水生昆虫の種類は多い

外来種アメリカザリガニの増加で
沈水性植物が消滅したものの、
岸辺のエコトーンは良好

出かけて見る ⑦

アイランドシティ はばたき公園　福岡県福岡市東区

建設中のビル群を背景に美しい湿地帯

観察会を兼ねた維持管理を定期的に実施

博多湾に浮かぶ埋め立て地（アイランドシティ）において、福岡市によって整備が進められています。2019年に造成が完了した5つの池からなる広大な湿地ビオトープはシート式で、非常に良好なエコトーンはとても人工の湿地帯とは思えません。生物の持ち込みは一切されていませんが、造成後の3年間で100種類以上

の水生動物が確認されています。2024年度から部分的に供用が開始されました。

出かけて見る ⑧

海の中道海浜公園・環境共生の森のビオトープ　福岡県福岡市東区

隣接する水族館・マリンワールド海の中道が主体となって2022年から整備を進めているビオトープです。もともと陸域だった場所を掘削してつくったシート式の池ですが、造成から半年でみごとなエコトーンの再現に成功しました。周囲に生息していた水生昆虫類やニホンアマガエルはすぐに繁殖・増加しました。また、近郊地域産の希少な水生植物を植栽し、系統保存の場としても機能しています。

若かりし頃

造成中の様子

子どもとおとな

産卵にやってきた
ニホンアマガエル

ここで成長する
ニホンアマガエルの
オタマジャクシ

浅場のエコトーンには
系統保存をしている福岡市産の
ナンゴクデンジソウが繁茂

観察会も実施されており
環境教育の場としても活用

野生の湿地帯を見てみよう

湿地帯ビオトープをつくっていくうえで何よりも重要なのは、やはり野生の湿地帯の「実際」を見ることです。エコトーン、つまり二つの異なる環境が少しずつ変化しながら接する場所に注目すると、美しい野生の湿地帯に出会うことができます。そうした場所にはやはり豊かな生物多様性があります。各地の野生の湿地帯とそこで出会った印象的な湿地帯生物を紹介します。

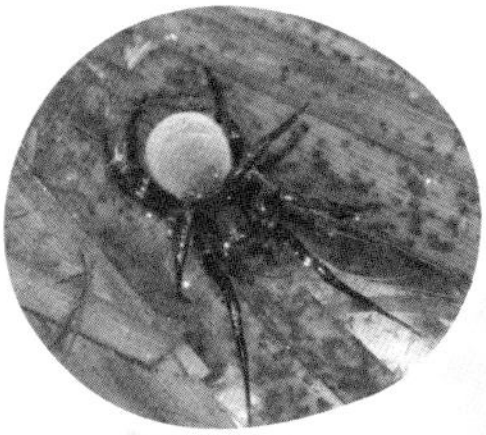

ミズグモ

北海道の自然湖沼

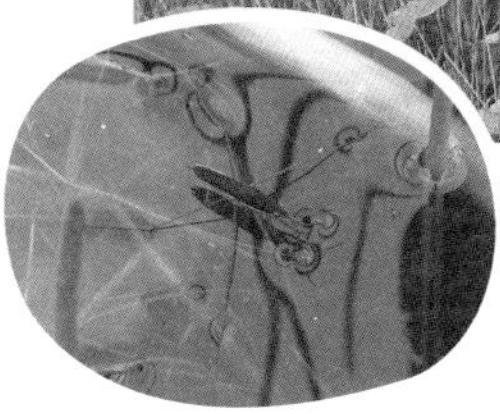

セアカアメンボ

カラフトマルガタゲンゴロウ

福岡県の農業用水路

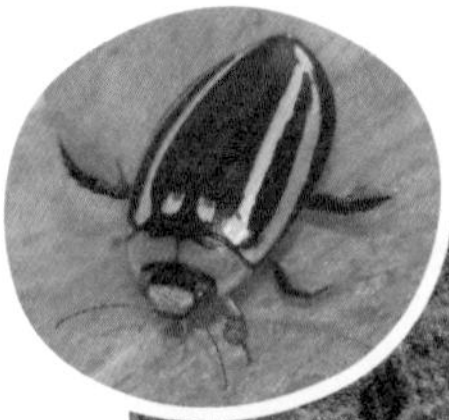
シマゲンゴロウ

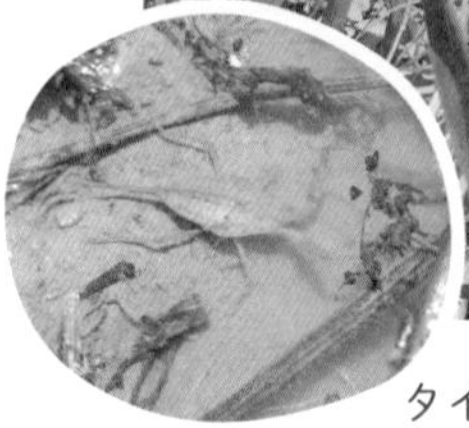
タイコウチ（幼虫）

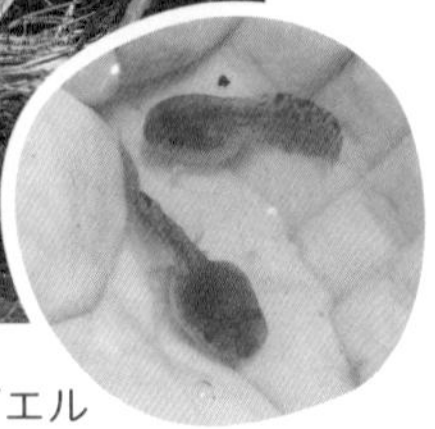
ニホンアマガエル

福岡県の農業用ため池

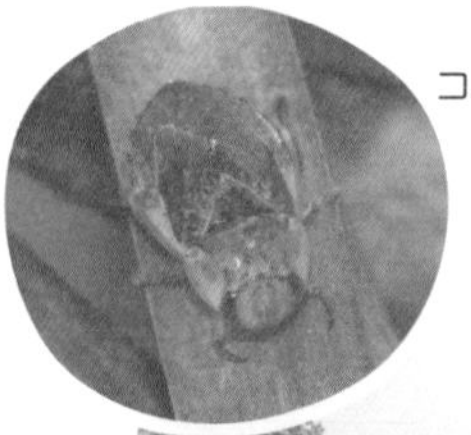
コバンムシ

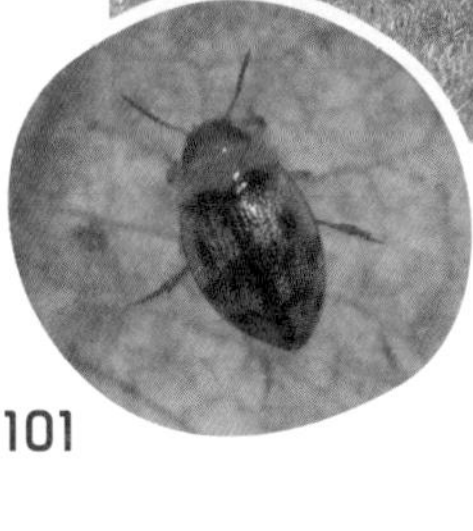
ホソマルチビゲンゴロウ

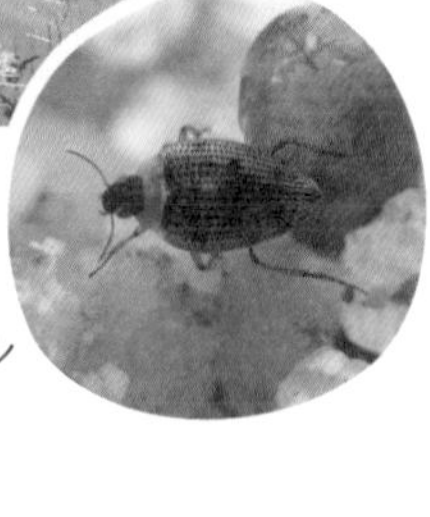
クビボソコガシラミズムシ

奄美大島の小河川

アマミヨコミゾ
ドロムシ

エグリタマミズムシ

オットンガエル

沖縄本島の渓流の淀み

オキナワマツモムシ

リュウキュウオオイチモンジ
シマゲンゴロウ

ナミエガエル

まだまだある すばらしい野生の湿地帯

3章

湿地帯ビオトープの生き物図鑑

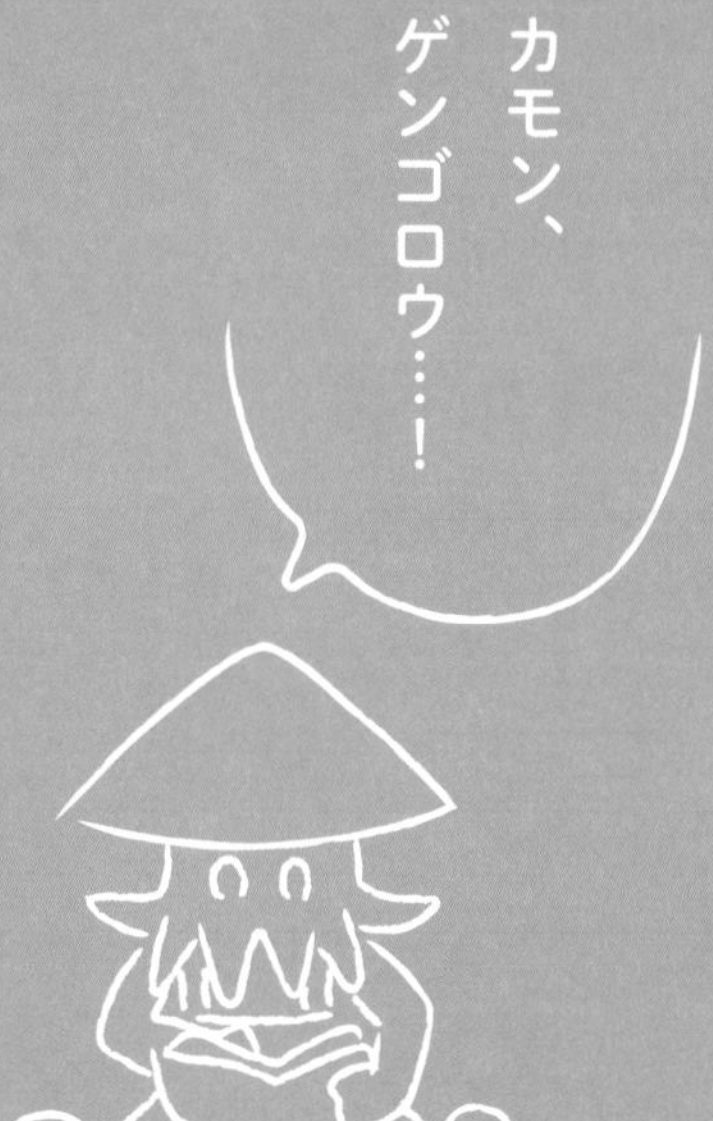

エコトーンがあるといっても自然の湿地帯に比べれば自宅のビオトープは小さいので、水温は上がったり下がったりと過酷な環境です。しかし、そうした環境を好む湿地帯の生物は少なくありません。3章では湿地帯ビオトープにやってくる生物、入れるのに適した生物を紹介します。また、後半では入れてはいけない／入れるべきではない代表的な外来種も紹介していきます。

図鑑の見方

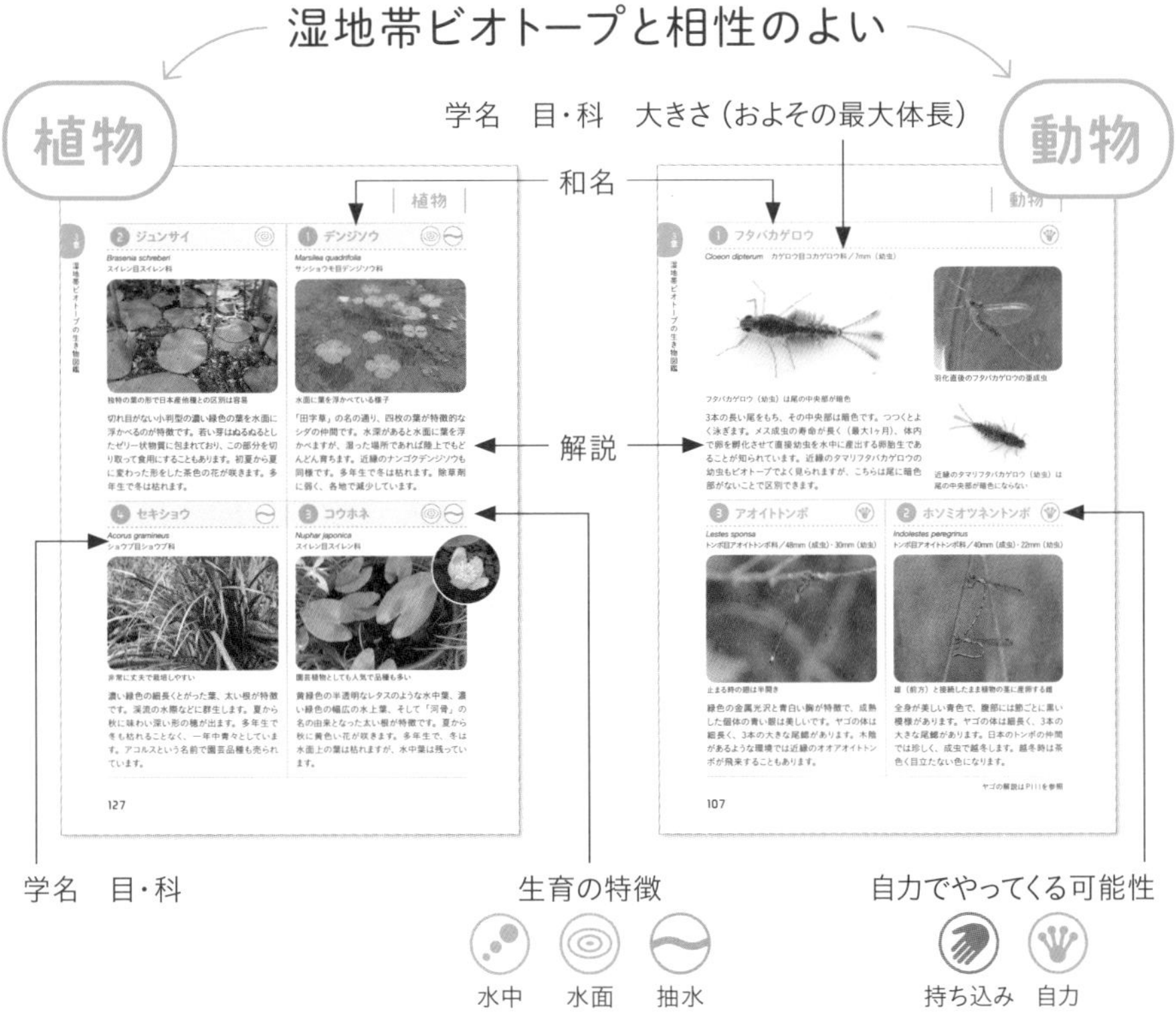

1 フタバカゲロウ

Cloeon dipterum　カゲロウ目コカゲロウ科／7mm（幼虫）

フタバカゲロウ（幼虫）は尾の中央部が暗色

羽化直後のフタバカゲロウの亜成虫

3本の長い尾をもち、その中央部は暗色です。つつくとよく泳ぎます。メス成虫の寿命が長く（最大1ヶ月）、体内で卵を孵化させて直接幼虫を水中に産出する卵胎生であることが知られています。近縁のタマリフタバカゲロウの幼虫もビオトープでよく見られますが、こちらは尾に暗色部がないことで区別できます。

近縁のタマリフタバカゲロウ（幼虫）は尾の中央部が暗色にならない

2 ホソミオツネントンボ

Indolestes peregrinus
トンボ目アオイトトンボ科／40mm（成虫）・22mm（幼虫）

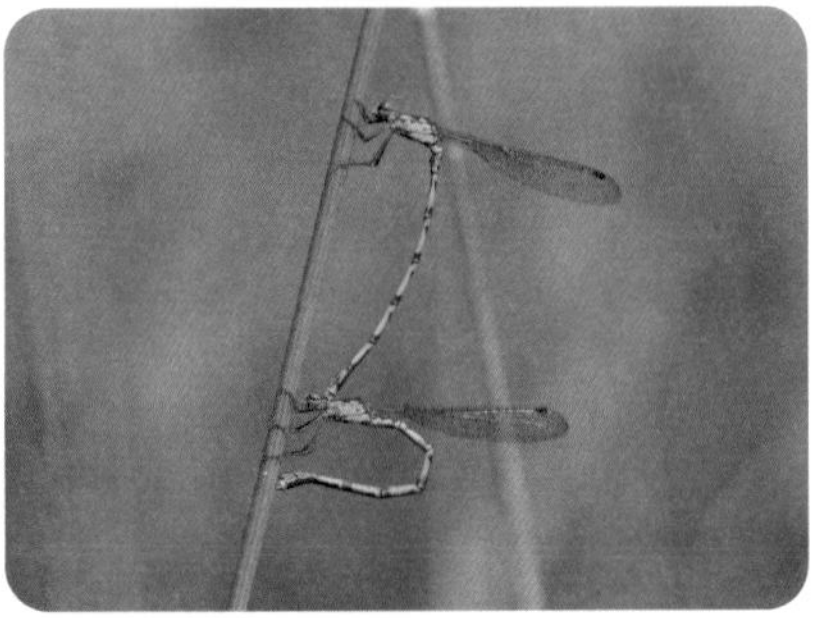

雄（前方）と接続したまま植物の茎に産卵する雌

全身が美しい青色で、腹部には節ごとに黒い模様があります。ヤゴの体は細長く、3本の大きな尾鰓があります。日本のトンボの仲間では珍しく、成虫で越冬します。越冬時は茶色く目立たない色になります。

3 アオイトトンボ

Lestes sponsa
トンボ目アオイトトンボ科／48mm（成虫）・30mm（幼虫）

止まる時の翅は半開き

緑色の金属光沢と青白い胸が特徴で、成熟した個体の青い眼は美しいです。ヤゴの体は細長く、3本の大きな尾鰓があります。木陰があるような環境では近縁のオオアオイトトンボが飛来することもあります。

ヤゴの解説はP111を参照

4 キイトトンボ

Ceriagrion melanurum
トンボ目イトトンボ科／48mm（成虫）・20mm（幼虫）

雄（前方）と接続したまま植物の茎に産卵する雌

胸部が黄緑色、脚や腹部は鮮やかな黄色です。ヤゴは体が細長く、3本の短い尾鰓があります。本属では他にベニイトトンボやリュウキュウベニイトトンボもビオトープに飛来します。

5 クロイトトンボ

Paracercion calamorum
トンボ目イトトンボ科／38mm（成虫）・20mm（幼虫）

ヒシの葉上で雄（前方）と交尾する雌（後方）

体は全体が水色で、腹部の背面が暗色になります。雌には青色と緑色の2型があります。ヤゴは体が細長く、3本の尾鰓には模様があります。本属では他にセスジイトトンボやムスジイトトンボもビオトープに飛来します。

6 アジアイトトンボ

Ischnura asiatica
トンボ目イトトンボ科／34mm（成虫）・幼虫（20mm）

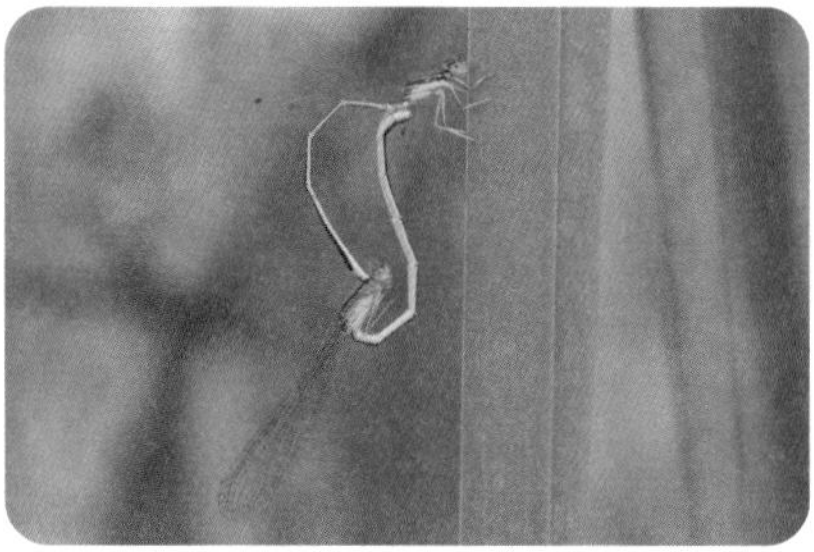

ガマ類の葉上で雄（前方）と交尾する雌（後方）

体は黄緑色で腹部は背面が暗色、腹面が黄色、さらに腹端は青色というカラフルさが特徴です。未成熟のメスは赤いです。ヤゴは体が細長く、3本の尾鰓の先端はとがります。本属では他にアオモンイトトンボもビオトープに飛来します。

7 ギンヤンマ

Anax parthenope
トンボ目ヤンマ科／85mm（成虫）・幼虫（55mm）

高速で飛び回り様々な昆虫を捕食する

大型で黄緑色の体と腰部分の水色が特徴です。ヤゴも大型で、大きな眼をしています。ヤゴは緑色～褐色ですが、若い小さな個体は白黒模様です。ビオトープでは近縁のクロスジギンヤンマもよく現れ、胸部に黒筋模様があることで区別できます。

8 コノシメトンボ

Sympetrum baccha
トンボ目トンボ科／48mm（成虫）・20mm（幼虫）

交尾後に連結して飛翔している様子

いわゆる「赤とんぼ」の仲間で、翅の先端が褐色になります。ヤゴはずんぐりしており、斑紋があります。ビオトープではアキアカネやネキトンボなど複数の赤トンボ類がみられますが、一般的に区別は難しいです。

9 ショウジョウトンボ

Crocothemis servilia
トンボ目トンボ科／55mm（成虫）・幼虫（25mm）

「猩々（赤い毛で覆われた妖怪）」の名の通りの赤さ

成熟した雄は全身が真っ赤になりよく目立ちます。雌雄ともに翅の基部が橙色で、腹部の背面に黒い筋条があります。ヤゴは赤トンボ類に似ていますが、腹部の背面に棘がありません。

10 ウスバキトンボ

Pantala flavescens
トンボ目トンボ科／54mm（成虫）・27mm（幼虫）

「盆とんぼ」とも呼ばれお盆頃に突如大群で出現することも

薄い黄色の体と大きな眼、また軽い体が特徴です。旅をするトンボとして知られ、日本全土で毎年みられますが、寒さに弱く越冬する地域は限られます。ヤゴは腹部の棘が長く目立ちます。

11 ハラビロトンボ

Lyriothemis pachygastra
トンボ目トンボ科／42mm（成虫）・18mm（幼虫）

成熟した雄は青黒く独特の雰囲気

雄は胸が黒く青白い腹が、雌は黄色く複雑な模様が、それぞれ特徴です。名前の通り、上から見た時に腹部の幅が広いです。ヤゴはシオカラトンボに似ていますが、腹部背面の棘が発達します。

⑬ シオカラトンボ

Orthetrum albistylum
トンボ目トンボ科／60mm（成虫）・25mm（幼虫）

獲物を捕まえて食べている雄

雄は青白く複眼は青色みが強く、雌は黄色く複眼は緑色で、いずれも胸部に模様があります。ヤゴは眼がやや突出し、腹部背面に棘がありません。ビオトープでは他にオオシオカラトンボもよく現れます。

⑫ ヨツボシトンボ

Libellula quadrimaculata
トンボ目トンボ科／52mm（成虫）・25mm（幼虫）

名前の由来となった翅の黒い「星」はよく目立つ

翅の基部と中央部に黒い模様があり、体は黄色く腹部の先端が黒くなります。雌雄であまり模様が異なりません。ヤゴはハラビロトンボに似ていますが、腹部背面の棘はより短いです。

ビオトープ最強の捕食者

捕食者、よい響きです。湿地帯ビオトープを造成して勝手にやってくる最強の捕食者はギンヤンマやクロスジギンヤンマのヤゴです。ヤゴは「下唇《かしん》」と呼ばれる部分が特殊な形状になっていて、普段は折りたたんでいますが、これを伸ばして先端の牙状の側片で挟んで獲物を捕まえます。その後は再び折りたたみ、本物の口でかみ砕いて食べます。ギンヤンマ類の終齢幼虫は体長5cmを超える堂々とした体格で、メダカなどの魚類も捕まえてバリバリと食べます。お尻の先から吸い込んだ水を出し入れして、ジェット噴射のようにして自由に水中を移動することもできます。まさに湿地帯ビオトープ最強の捕食者と言えます。

下唇を伸ばしてメダカを襲うギンヤンマのヤゴ

ビオトープでよく見るヤゴの区別

国内では200種以上のトンボが記録されていますが、小規模な止水性湿地でみられる代表的なグループはイトトンボ類（アオイトトンボ科・イトトンボ科）、ヤンマ類（ヤンマ科）、トンボ類（トンボ科）です。このうちイトトンボ類は3本の尾鰓を持ち体が細長いこと、ヤンマ類は眼が大きく体が紡錘形であること、トンボ類は体が短く体に対して脚が長いことなどで大別できます。

イトトンボ類
3本の尾鰓・細長い

アオイトトンボ科
複眼が大きく半球状に突出・体は特に細長い

アオイトトンボ
尾鰓は先端に向かって細くなる

ホソミオツネントンボ
尾鰓は先端まで丸みを帯びる

イトトンボ科
複眼は半球状ではない・体はやや短い

キイトトンボ
ベニイトトンボ、リュウキュウベニイトトンボを含む本属の尾鰓は幅広く短い

クロイトトンボ
セスジイトトンボ、ムスジイトトンボを含む本属の尾鰓は幅広く長く斑紋がある

アジアイトトンボ
アオモンイトトンボを含む本属の尾鰓はやや細く先端がとがる

ヤンマ類（ヤンマ科）
眼が大きい・体は紡錘形

ギンヤンマ
クロスジギンヤンマを含む本属は複眼が大きく後方まで回り込み、頭全体が丸い

トンボ類（トンボ科）
体は短い・体に対して脚が長い・背棘と側棘の特徴に注目

コノシメトンボ
アキアカネ、ネキトンボを含む本属は眼が大きく、背棘がある

ショウジョウトンボ
眼は大きく、背棘がない

ウスバキトンボ
眼は大きく、前方を除き背棘がなく、側棘が長く目立つ

ハラビロトンボ
眼は小さく、長い背棘があり、側棘は長い

ヨツボシトンボ
眼は小さく、背棘があり、側棘が短い

シオカラトンボ
眼は小さく、背棘がなく、側棘が短い。（同属のオオシオカラトンボ、シオヤトンボは中央の4〜7腹節のみに背棘がある）

紹介しているもの以外にも、近年分布を広げているホソミイトトンボ、抽水植物が豊富な環境を好むマルタンヤンマ、やや規模の大きな池沼を好むチョウトンボも出現する可能性があります。トンボ類は長距離を移動する種も多く、思わぬ種がやってきます。より詳しい図鑑（P138）にある分布情報と照らし合わせながら、名前を調べてみるのも良いでしょう。特に水田や浅い池沼を好むとされている種は、湿地帯ビオトープに出現する可能性が高いです。

15 エサキコミズムシ

Sigara septemlineata
カメムシ目ミズムシ科／6mm

長い中脚で体を支え、長い後脚で泳ぐ

美しい縞模様の体と赤い目、長い中脚・後脚が特徴です。水底の藻類などを食べています。刺激を与えると活発に泳ぎます。ビオトープでは他に数種のコミズムシ類がみられますが、区別は難しいです。

14 ミズカマキリ

Ranatra chinensis
カメムシ目タイコウチ科／45mm（呼吸管を除く）

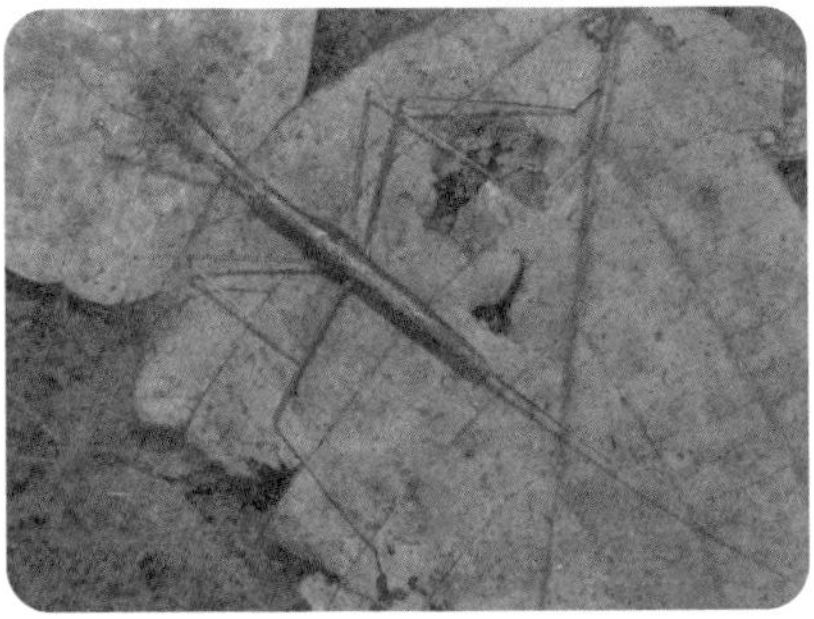

日本の水生昆虫の中ではかなり大型

細長い体に鎌状の前脚、長い呼吸管が特徴です。小さな昆虫などを捕まえて肉を溶かして吸います。呼吸管の先を水面上に出して息をします。近縁のヒメミズカマキリは小型で呼吸管もやや短く、区別は簡単です。

16 マツモムシ

Notonecta triguttata　カメムシ目マツモムシ科／14mm

常に背泳ぎをしているので上から見ると腹側が見える

驚くと水中に潜って植物片などにとまる

常に背泳ぎをしており、長い後脚と濃紺地に黄色い背中の模様が特徴です。ただし幼虫の背面は緑色がかった白色です。水面に落ちた昆虫類を下から捕まえて、肉を溶かして吸います。繁殖期は初夏で、水中の植物などに卵を産み付けます。手でつかむと口吻で刺すことがあり、たいへん痛いです。暖かい時期にはよく空を飛びます。

17 コマツモムシ

Anisops ogasawarensis
カメムシ目マツモムシ科／7mm

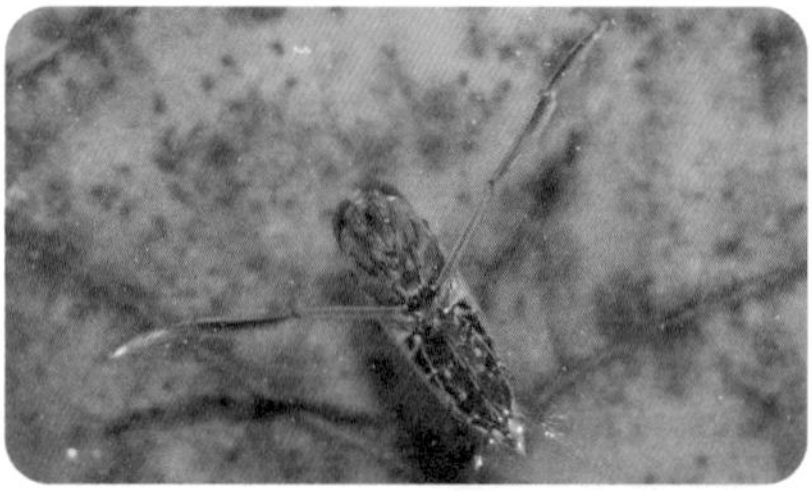

常に背泳ぎをしていますが、マツモムシと異なり通常は中層を群れで泳いでいます。水槽に入れて横から見ると、空気で背中が光って見えます。南西諸島では近縁の複数種が同じような環境でみられます。

遊泳時は基本的に前脚と中脚をたたんでいる

18 ミズカメムシ

Mesovelia vittigera
カメムシ目ミズカメムシ科／3.4mm

一見すると水生種に見えない姿

緑色みを帯びた褐色の体と、やや長い触角が特徴です。水面から水草の葉の上、水際の陸地など、所かまわず高速で歩き回ることができます。成虫でも翅のない個体が多いですが、秋には翅のある個体がみられます。

19 ヒメイトアメンボ

Hydrometra procera
カメムシ目イトアメンボ科／11mm

独特の棒のような体はカメムシの仲間に見えない

細長い棒状の体が特徴で、水面や水際をすたすたと歩き回ります。明るい環境を好みます。西日本では近縁のオキナワイトアメンボもビオトープに現れることがあります。翅のない個体と、翅のある個体がいます。

20 ケシカタビロアメンボ

Microvelia douglasi
カメムシ目カタビロアメンボ科／2mm

雌の背中の上に乗る長翅型の雄

小さな体をしており、水面を歩き回ります。翅のある長翅型と、翅がない無翅型がいます。長翅型は頻繁に飛翔するようで、ビオトープにもいち早く出現します。近縁のホルバートケシカタビロアメンボもよくみられます。

21 アメンボ

Aquarius paludum
カメムシ目アメンボ科／16mm

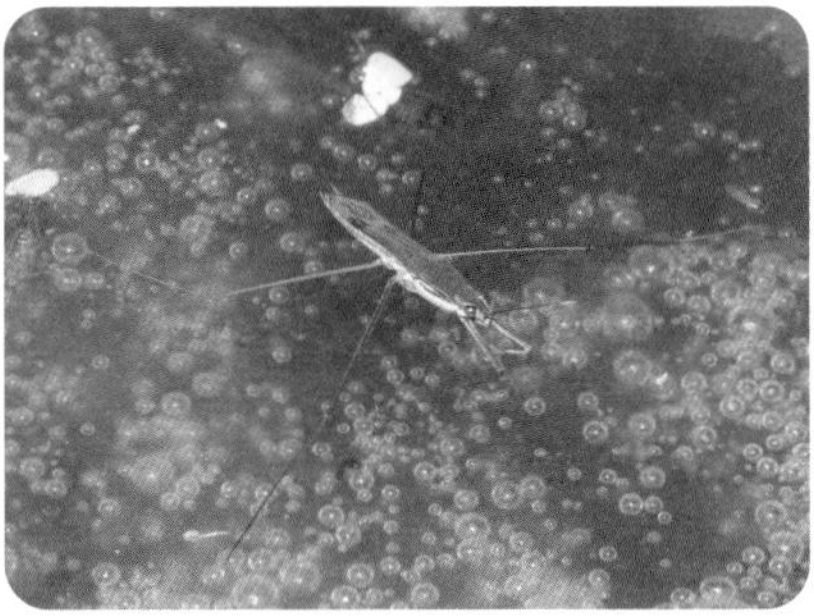

脚の先端のみを水面に触れて浮いている

有名な水生昆虫で、ビオトープにもよく飛来します。日本のアメンボ科の中では大型の種類で、大きさからも区別は可能です。つかむと焦げた飴のような匂いを出します。水中に潜って植物表面などに産卵します。

22 コセアカアメンボ

Gerris gracilicornis
カメムシ目アメンボ科／14mm

フラッシュをたくと赤みがあることがよくわかる

赤茶色の背中と、上から見た時に腹部の側部に白い斑点がみえるのが特徴です。アメンボよりやや小さいです。春の早い時期からよくビオトープに現れます。近縁のヤスマツアメンボとの区別はやや難しいです。

23 ヒメアメンボ

Gerris latiabdominis
カメムシ目アメンボ科／12mm

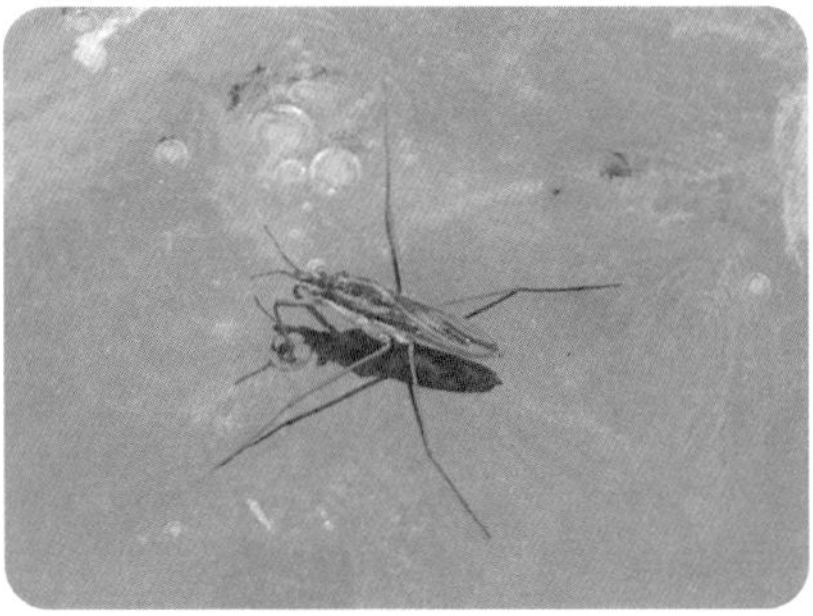

干上がりやすい環境を好み、よく飛ぶ

名前の通り小型のアメンボで、やや短い脚と体が特徴です。水たまりのような環境が大好きで、特に春先はビオトープに現れることが多いです。水面に落ちた昆虫などを食べますが、カエルの卵を食べることも知られています。

24 コガシラミズムシ

Peltodytes intermedius
コウチュウ目コガシラミズムシ科／3.4mm

日本の水生のコウチュウの仲間では独特の体型

「小頭」の名の通り頭が小さく、背面には独特の小黒点があります。すべての脚をばらばらと動かして高速で遊泳することができます。幼虫は藻類（アオミドロ）を食べます。成虫は夜間に明かりにも飛来します。

25 チビゲンゴロウ

Hydroglyphus japonicus　コウチュウ目ゲンゴロウ科／2mm

成虫の上翅の斑紋は独特で美しい

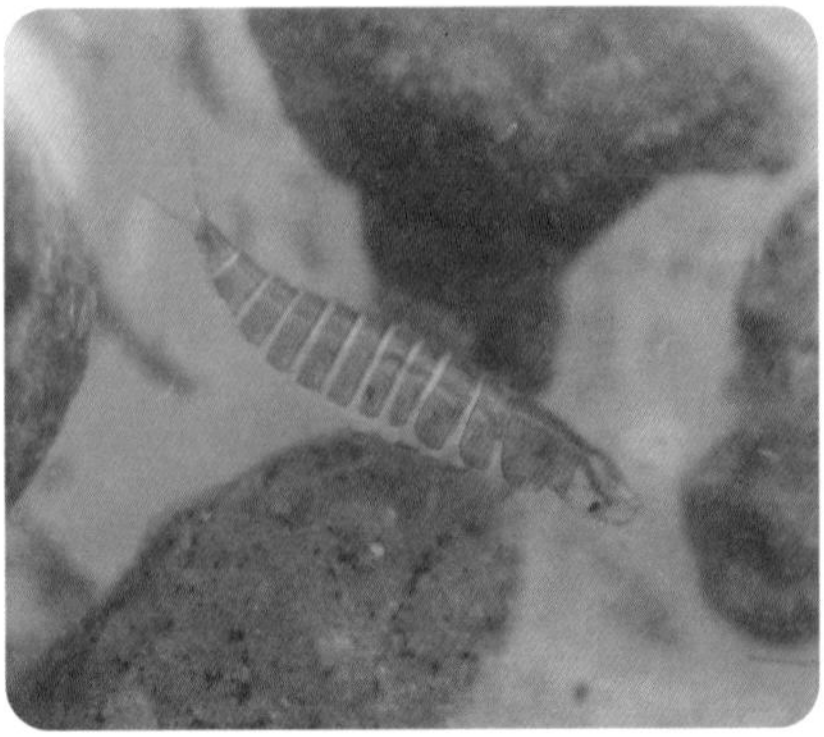

幼虫の顔には角のような部分がある

一見すると黒いゴマ粒のようですが、よく見ると黄色い美しい斑紋があります。この斑紋は個体変異があります。成虫は後ろ脚を巧みに動かして、浅い場所をせわしなく遊泳します。幼虫は芋虫状でしっかりした3対の脚と2本の尾毛があり、ドリルのように回転しながら泳ぐことができます。海岸沿いのビオトープでは近縁のチャイロチビゲンゴロウが現れることもあります。

column

ケシカタビロアメンボを探せ！

湿地帯ビオトープをつくったのになかなか水生昆虫が来ない！と嘆く人は少なくありませんが、実はすでに来ているという場合も少なくありません。その代表種がケシカタビロアメンボとホルバートケシカタビロアメンボです。最大で約2mmと小さく、水面で暮らしています。雨の後の水たまりなどにも飛来しているので、暖かい時期には適した湿地帯を探して常に移動していると考えられます。いずれの種にも、飛べない無翅型と飛べる長翅型があり、夏に長翅型が出現することがわかっています。不完全変態のカメムシの仲間なので、親とそっくりな小さな幼虫も一緒に暮らしています。見た目は小さいですが、水面に落ちた昆虫などを襲って体液を吸って食べる獰猛な一面があります。ぜひ解像度をあげて水面を探してみてください。

水面に浮かぶホルバートケシカタビロアメンボの成虫（真ん中）と幼虫（左と右）

26 マメゲンゴロウ

Agabus japonicus
コウチュウ目ゲンゴロウ科／7mm

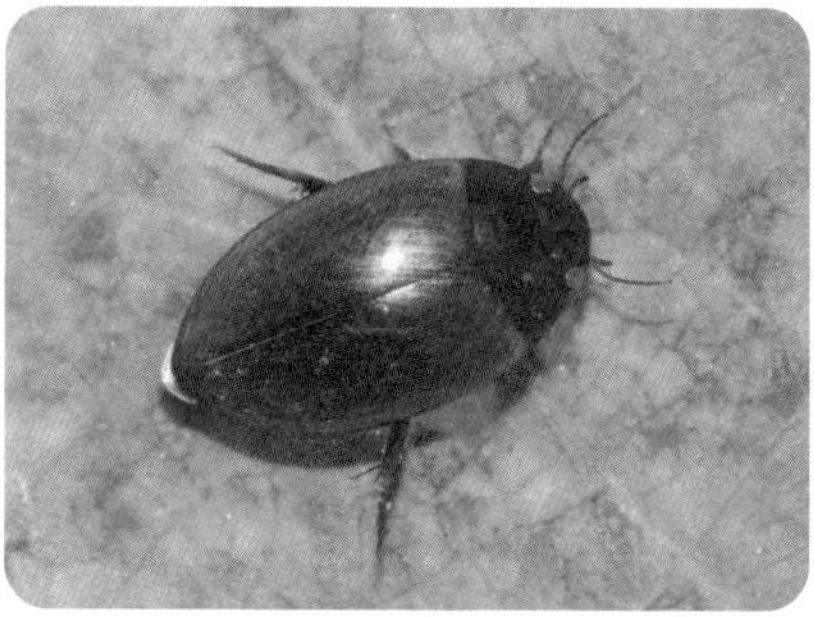

国内ではもっとも普通のゲンゴロウの一つ

頭部と胸部が黒く、上翅が茶色です。眼の間には赤褐色の斑点模様があります。成虫は一年中水域でみられ、ごく浅い場所の落ち葉の下などに潜んでいることが多いです。早春に繁殖し、幼虫は春に出現します。

27 ヒメゲンゴロウ

Rhantus suturalis
コウチュウ目ゲンゴロウ科／12mm

近縁の他種とは頭部や胸部の模様から区別可能

頭部と胸部は黄褐色で独特の黒い模様があり、上翅には黒く細かいドット模様があるのが特徴です。腹面は黒いです。成虫は一年中水域でみられます。年に2～3世代を繰り返すため、幼虫も春から秋の長い期間みられます。

28 ハイイロゲンゴロウ

Eretes griseus
コウチュウ目ゲンゴロウ科／16mm

大きな眼や細い後脚などかなり独特のフォルム

名前の通り灰色で、背面には独特の黒い模様があります。活動的な種で、温度の高い時期は水中をせわしなく泳ぎ回り、すぐに飛び立ちます。成虫は一年中水域でみられ、生きたまま凍っていることもあります。幼虫は7～9月に出現します。

29 コシマゲンゴロウ

Hydaticus grammicus
コウチュウ目ゲンゴロウ科／11mm

身近な種ながらかなり複雑で魅力的な模様をもつ

頭部と胸部は橙色で、上翅には美しい縦条模様があります。腹面は赤褐色です。成虫は冬季には陸上で越冬し、幼虫は5～8月に出現します。西日本では近縁のウスイロシマゲンゴロウもしばしばビオトープに飛来します。

30 ゴマフガムシ

Berosus punctipennis
コウチュウ目ガムシ科／7mm

夏の夜は明かりにもよく飛来する

背面は灰色〜緑色がかった黄褐色で、上翅にはゴマ状模様があります。すべての脚をばらばらと動かして高速で遊泳することができます。幼虫は細長い突起をまとった独特の姿で、春から初夏に出現します。

31 コガムシ

Hydrochara affinis
コウチュウ目ガムシ科／18mm

中型のガムシ類で、地域によっては少ない

光沢のある黒色で、各脚は橙色です。繁殖期は春で、突起のある1.5cmほどの卵のうを産みます。東日本では近縁のエゾコガムシがビオトープに現れることもありますが、脚が黒いので区別は簡単です。

32 ヒメガムシ

Sternolophus rufipes
コウチュウ目ガムシ科／11mm

国内でもっとも普通の水生甲虫の一つ

光沢のある黒色で、各脚は橙色でコガムシに似ていますがより小型で、大きさから区別は容易です。泳ぎは得意です。繁殖期は初夏から秋で、突起のある1cmほどの卵のうを産みます。成虫は陸上で越冬することが多いようです。

33 キイロヒラタガムシ

Enochrus simulans
コウチュウ目ガムシ科／5mm

色は個体によって異なり、もっと黒っぽい個体もいる

背面は黄褐色で、頭部や胸部はやや黒いです。水中の植物上を歩きながら暮らし、そこから離れると水面に浮かんでしまいます。泳ぎは上手ではありません。近縁のルイスヒラタガムシやスジヒラタガムシもビオトープに現れることがあります。

35 ハナアブ類

Syrphidae spp.
ハエ目ハナアブ科／30mm（幼虫）

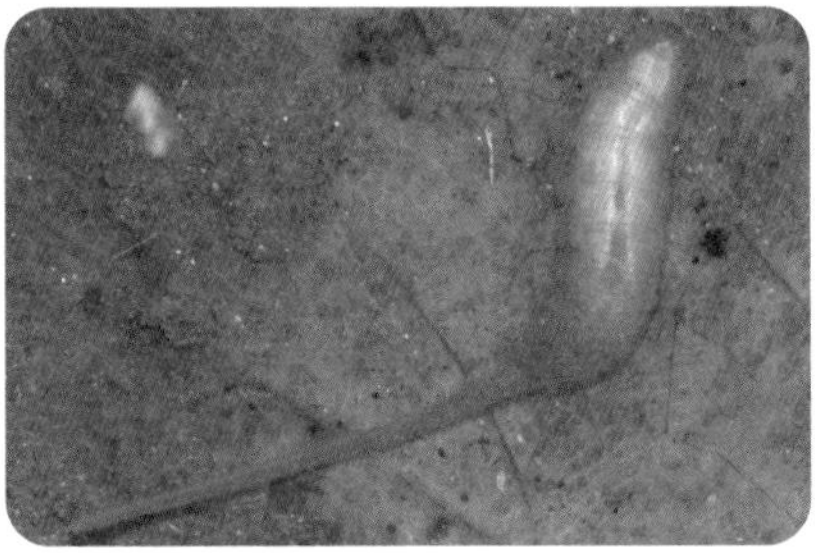

一見不気味だが害はない

一部の種の幼虫は水生で白い体に長い尾をもつ独特の姿をしています。この尾は呼吸をするための管です。水際の落ち葉の間などでみられます。成虫はハチのような姿をしていますが、刺すようなことはなく、花の蜜や花粉を食べている平和な昆虫です。

34 ユスリカ類

Chironomidae spp.
ハエ目ユスリカ科／20mm（幼虫）

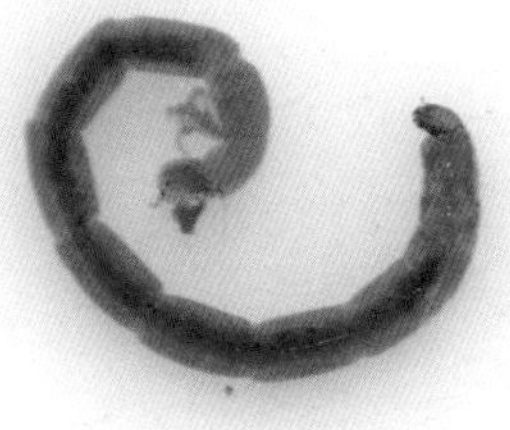

釣り餌用の「赤虫」としても有名

幼虫は水生で多くの種がいます。湿地帯ビオトープをつくると成虫が飛来して産卵し、特にセスジユスリカなどの赤い色をした幼虫がすぐに現れます。成虫は蚊の姿をしていますが、血を吸うことはありません。幼虫・成虫ともに色々な生物の餌として重要です。

ボウフラハンター・ハイイロゲンゴロウ

column

ボウフラとはアカイエカやヒトスジシマカなどの人家まわりに見られる吸血性の蚊の幼虫の総称で、水中で生活しています。そうした蚊の成虫は様々な感染症を媒介するため人類の天敵とも言える存在ですが、そんなボウフラの天敵として知られているのがハイイロゲンゴロウです。1匹のハイイロゲンゴロウの雌は、24時間で200頭以上のボウフラを食べる能力があることが報告されています。また、ハイイロゲンゴロウを飼育していた水にコガタアカイエカのボウフラを投入すると水面付近で動かなくなることや、成虫のサイズが小さくなることも知られています。つまりハイイロゲンゴロウの匂いがあるだけで、ボウフラ類に強いストレスを与えるというわけです。ボウフラハンター・ハイイロゲンゴロウをみんなで応援しましょう。

大量のハイイロゲンゴロウは大量のボウフラを食べて人知れず活躍している

36 その他の水際の昆虫類

アオバアリガタハネカクシ

トゲヒシバッタ

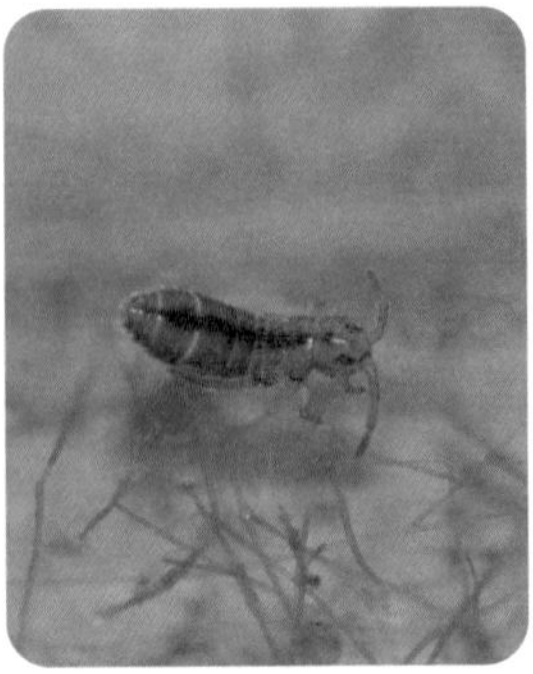

ツチトビムシの一種

エコトーンや湿った環境でしばしばみられる昆虫類として、トゲヒシバッタ、メミズムシ、ミズギワカメムシ類、ケシミズカメムシ、ゴミムシ類、ハネカクシ類、ゾウムシ類、ミギワバエ類、トビムシ類などが挙げられます。アオバアリガタハネカクシはビオトープにもしばしば現れよく目立つ種ですが、つぶすとかぶれるので注意しましょう。つぶさなければ害はありません。また、ミギワバエ類やトビムシ類は水面に浮いているのをよく見かけます。

38 ミズムシ

Asellus hilgendorfi
ワラジムシ目ミズムシ科／10mm

まさに水中ダンゴムシの雰囲気だが、丸くはならない

同じ名前の水生のカメムシもいますが、こちらは水生のダンゴムシの仲間です。頭部にはやや長い触角があります。水底をトコトコと歩き、落ち葉などを食べて暮らします。雄は雌を抱えて保護していることもあります。地下水や湧水には近縁種がいます。

37 ヌマエビ類

Atyidae spp.
エビ目ヌマエビ科／30mm

ミナミヌマエビ。藻類食性でおとなしいエビ

目立つハサミ脚がなく眼が小さいのが特徴です。カワリヌマエビ属のミナミヌマエビ、ヌマエビ属のヌマエビやヌカエビがビオトープとの相性がよい種類です。また、外来のシナヌマエビが各地で見つかっています。いずれも区別はやや難しいです。

39 マルタニシ

Cipangopaludina laeta
タニシ目タニシ科／40mm

かつては食用としてよく利用された

各層がはっきりした丸みを帯びた殻が特徴で、蓋があります。卵胎生で仔貝を産みます。水田の代表的な巻貝として有名ですが、自然分布の実態には不明な点があるようです。西日本では外来種スクミリンゴガイ（P136）が局所的にみられるので注意しましょう。

40 カワニナ

Semisulcospira libertina
オニノツノガイ目カワニナ科／50mm

ゲンジボタル幼虫が好む貝としても有名

細くとがった殻が特徴ですが、先端が欠けていることも多いです。蓋があります。卵胎生で仔貝を産みます。川や水路など流れのある環境を好む流水性の種ですが、止水のビオトープでも生存は可能です。ただし、高水温にはやや弱いようです。

41 モノアラガイ

Radix japonica
モノアラガイ目モノアラガイ科／20mm

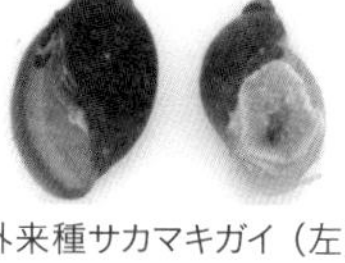

外来種サカマキガイ（左）とモノアラガイ（右）

1層目に比べて2層目以降の螺塔が小さいのが特徴です。蓋はありません。複数の近縁種が知られ、いずれもゼリー状物質に包まれた卵を産みます。外来種サカマキガイに似ますが、巻く方向が逆です。

42 ヒラマキミズマイマイ

Gyraulus spirillus
モノアラガイ目ヒラマキガイ科／6mm

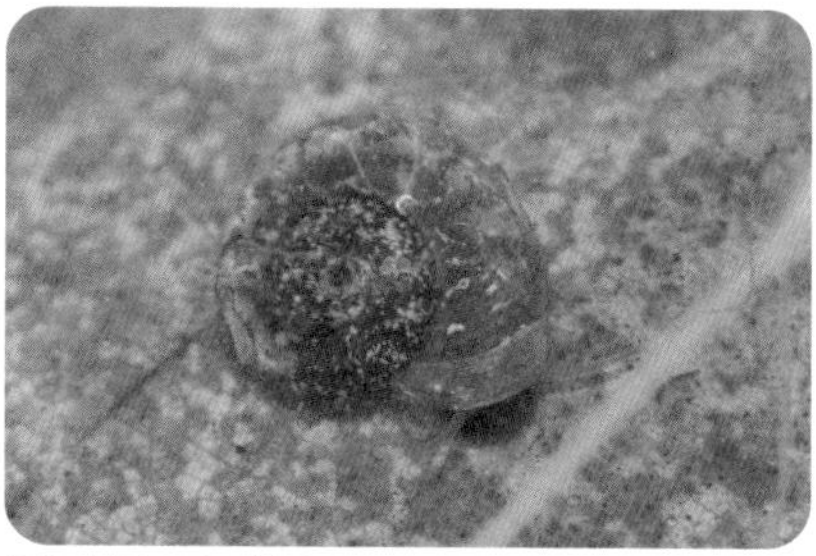

平たく美しいうずまき

平たく巻く殻が特徴です。蓋はありません。国内から12種類ほどの近縁種が知られますが、いずれも小型で区別はやや難しいです。ゼリー状物質に包まれた卵を産みます。持ち込んだ植物などに付着していつのまにかビオトープに侵入していることがあります。

43 その他の動物

タコウビルの一種

ナミウズムシ

イトミミズの一種

土や植物に紛れていつのまにかビオトープにいる動物です。ヒルの仲間は頭が細くお尻に吸盤があるのが特徴です。ほとんどのヒルは血を吸うことはなく安全です。ウズムシの仲間は吸盤はなく、波打つように動きます。この他に、ヒドラ類、マミズヒモムシ類、イトミミズ類、カブトエビ類、ホウネンエビ、カイエビなどが突如として現れることもあります。また、目がよい人は2mmほどのミジンコ類、ケンミジンコ類、カイミジンコ類なども見えてしまうかもしれません。

---

column

湿地帯ビオトープをつくると現れる!?

本書では水生動物を中心に紹介しましたが、水辺があるとやってくる陸生の「常連」も多くいます。代表的な種類が爬虫類のニホンカナヘビです。水を飲んだり、集まる小昆虫などを食べるためにやってきます。日向ぼっこをしている様子はかわいいので観察してみましょう。また、水場があれば必ず飛来するのが鳥類です。特にスズメやメジロなどの小鳥類は水浴びが大好きです。エコトーンがあると脚の短い小鳥類も安全に水浴びができるようです。

日光浴するニホンカナヘビ

水浴びするスズメ

44 モツゴ

Pseudorasbora parva
コイ目コイ科／80mm

関東ではクチボソとしても知られる

とがった口が特徴で、ひげはありません。体に黒い縦条模様がありますが、体調によってないこともあります。繁殖期は春で、植物の茎などに産み付けられた卵を雄が保護します。東北地方には外来種として定着しているほか、近縁のシナイモツゴが在来種として分布します。

45 タモロコ

Gnathopogon elongatus
コイ目コイ科／80mm

いわゆる「諸子」の代表種

2本の口ひげがあり、体には下が暗色で上が細く黄金色になる縦条模様があります。また、尾鰭の付け根に黒点があります。繁殖期は春から夏で、浅く植物のある場所でばらまき産卵をします。九州や関東地方以北では外来種です。

46 ドジョウ

Misgurnus anguillicaudatus
コイ目ドジョウ科／200mm

身近な魚類としてよく知られ、食べても美味しい

10本の口ひげがあり、尾鰭の後端が丸いことでシマドジョウ類と区別がつきます。脱走の名人なので、ビオトープに入れる時は最大限の注意が必要です。必ず逃げると言っても過言ではありません。また、よく似た外来のドジョウも各地で増えています。

47 ミナミメダカ

Oryzias latipes
ダツ目メダカ科／40mm

野生個体。カラフルな改良品種も多くつくられている

いわゆるメダカです。幅広い臀びれ、直線的な尾鰭後端が特徴です。高水温の時期は産卵し続けてどんどん増えますが、各地で固有の遺伝子をもっているので、増えても野外に捨てるのはやめましょう。また、外来種のカダヤシ（P133）と似ているので注意が必要です。

48 ヒキガエル

Bufo japonicus
カエル目ヒキガエル科／180mm

模様は個体により個性がある

「がまがえる」として有名です。東日本にアズマヒキガエル、西日本にニホンヒキガエルが分布します。これらは亜種関係です。いつもは陸で暮らしていますが、冬から春には水辺に来てきわめて長いひも状の卵のうを産みます。オタマジャクシは真っ黒で小さいです。

49 ニホンアマガエル

Dryophytes japonicus
カエル目アマガエル科／40mm

水田や人家まわりでもっともなじみ深いカエル

各指に吸盤があり、目の前後が暗色になります。緑色の個体が多いですが、茶色や灰色、まれに水色や金色の個体もいます。いつもは植物上で暮らしていますが、初夏には水辺に来て小さな卵塊を産みます。オタマジャクシは鰭が大きく独特の顔です。

50 ニホンアカガエル

Rana japonica
カエル目アカガエル科／70mm

ジャンプが得意で一瞬で姿を消す

背中に筋状で平行な2本の線があります。近縁のヤマアカガエルはこの2本の線が頭の後方で曲がることなどで区別できます。いつもは陸で暮らしています。繁殖期は1～2月の寒い時期で、両掌に収まるくらいの卵塊を産みます。産卵後はまた休眠します。

51 ヌマガエル

Fejervarya kawamurai
カエル目ヌマガエル科／50mm

西日本の水田地帯ではもっとも普通のカエルの一つ

背面は茶色で、腹面は真っ白です。背中の真ん中に白い線がある個体とない個体がいます。水辺で暮らし、初夏にばらばらと目立たない卵を産みます。もともと西日本の種類ですが、関東地方では外来種として広がっています。

水まわりの生き物（無脊椎動物）の見分け方

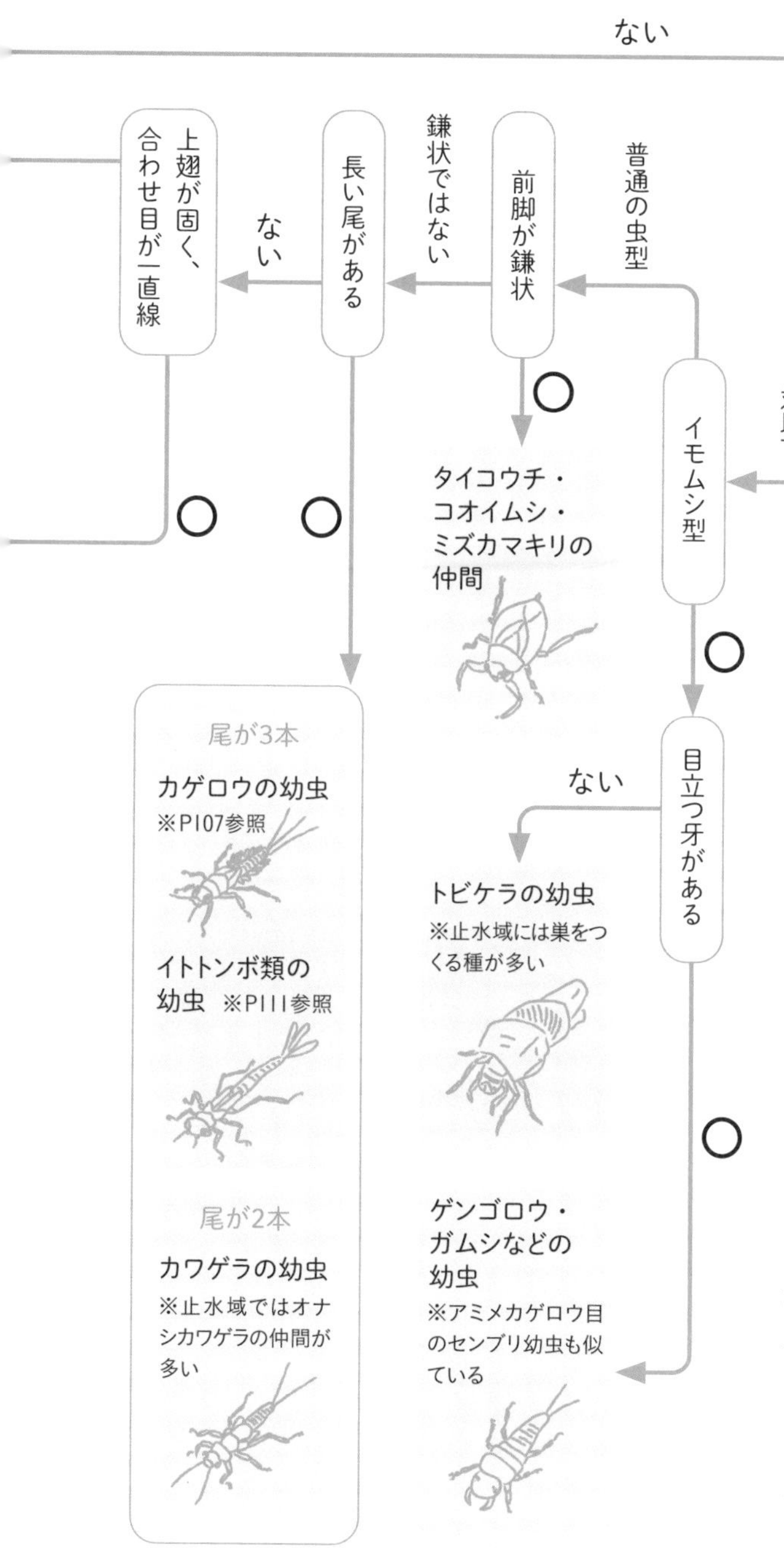

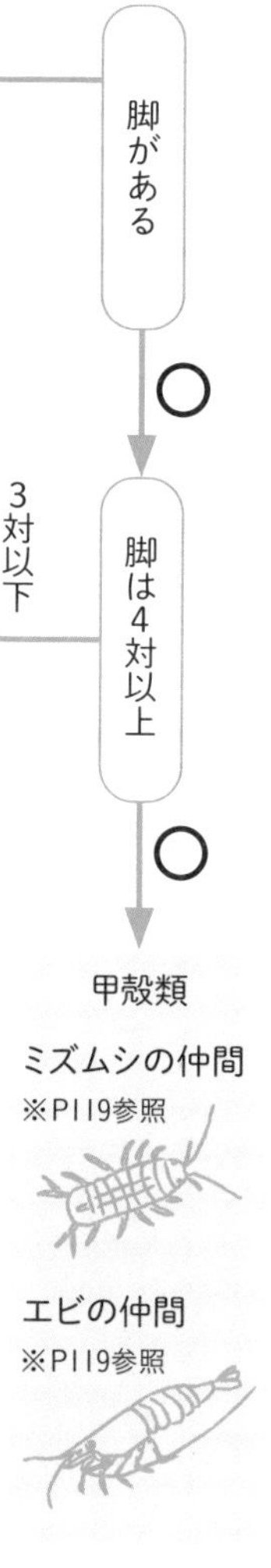

止水域でよく見られる分類群を中心に、大まかなグループまで区別することを目的として作成しました。なお、1ミリ以下の種（トビムシ類やミジンコ類など）は除外しています。

ユスリカの仲間
※丸まりやすい

ハナアブの仲間
※長い尾がある

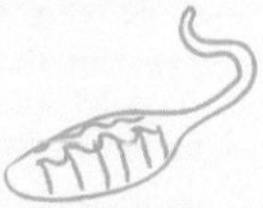

ウズムシの仲間
※滑るように動く

カの仲間
※水中を泳ぐ

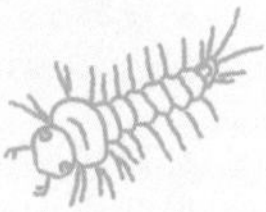

イトミミズの仲間
※細いミミズ

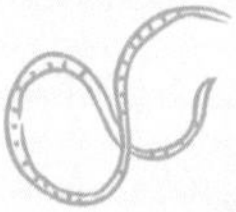

ヒルの仲間
※お尻に吸盤があり頭がとがる

巻貝の仲間
※P120参照

合わせ目がない or 直線的でない

すべての脚で泳ぐ

ガムシの仲間
※横から見た時に下面が直線的

コガシラミズムシの仲間
※頭部が小さい

後脚だけで泳ぐ

ゲンゴロウの仲間
※後脚だけ長い

水面を泳ぐ

ミズスマシの仲間
※前脚だけ長い

水面下を泳ぐ・歩く

マツモムシの仲間
※常に背泳ぎ

ミズムシの仲間
※中脚と後脚が長い

マルミズムシの仲間
※きわめて丸い

ヤンマ科・トンボ科などの幼虫（ヤゴ）
※P111参照

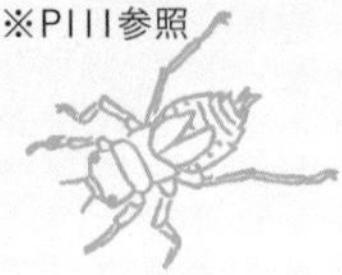

水面上を歩く

アメンボの仲間
※中脚と後脚が長い

ミズカメムシの仲間
※触角が長い

カタビロアメンボの仲間
※小さい（2mm以下）

イトアメンボの仲間
※棒状の体

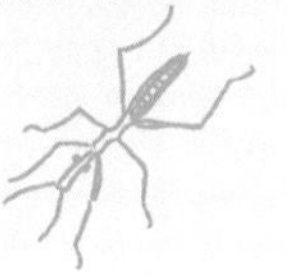

湿地帯ビオトープに来たらすごい！

この章で「自力で来る」とした動物は、これまでの著者の調査により得られた情報に基づいて代表的なものを選びました。自力で来ることができるかどうかは、当然のことながら周辺の環境の状況により大きく変化します。両生類の成体の多くは陸上を移動できますが、間に大きな川や道路などがあると移動が阻害されてしまいます。都市域では公園や神社、住宅の庭の樹林を伝って移動することが可能な場合があり、これを「緑の回廊」とも言います。こうした回廊があれば、思わぬ両生類が庭に現れることが期待できます。

また、止水性の水生昆虫類では、その一回に移動する範囲は2〜3km程度との報告があります。したがって、自宅の周囲2〜3kmにすごい湿地帯があると、自宅の湿地帯ビオトープにもすごい水生昆虫が突然飛来する可能性があります。

ここに挙げた5種は潜在的には湿地帯ビオトープに自力で来て定着できる可能性があるものの、一般的にはかなり厳しいでしょう。しかし、いつかのその時を待って湿地帯ビオトープのクオリティを上げていくのも楽しみの一つです。

カスミサンショウウオ。近縁な止水性の種類は多くいますが、いずれもきわめて移動能力が低く、庭にやってくる可能性はかなり低いです。

ゲンゴロウ。最大4cmに達する日本最大のゲンゴロウ。本種も各地で絶滅しているので、湿地帯ビオトープに現れたら狂喜乱舞です。

ミズスマシ。よく知られた水生昆虫ですが、実は各地で絶滅しておりなかなか出会えません。湿地帯ビオトープに来たらかなりすごいです。

シュレーゲルアオガエル。地面に穴を掘り泡状の卵のうをつくることで有名。環境のよい田園地帯ではまだ多くみられるので、立地によってはやってくる可能性があります。

タガメ。最大6.5cmに達し、強力な前脚が特徴的な水生昆虫の王者。各地で絶滅しているものの、飛翔能力は高いので可能性はゼロではありません。

1 デンジソウ

Marsilea quadrifolia
サンショウモ目デンジソウ科

水面に葉を浮かべている様子

「田字草」の名の通り、四枚の葉が特徴的なシダの仲間です。水深があると水面に葉を浮かべますが、湿った場所であれば陸上でもどんどん育ちます。近縁のナンゴクデンジソウも同様です。多年生で冬は枯れます。除草剤に弱く、各地で減少しています。

2 ジュンサイ

Brasenia schreberi
スイレン目ジュンサイ科

独特の葉の形で日本産他種との区別は容易

切れ目がない小判型の濃い緑色の葉を水面に浮かべるのが特徴です。若い芽はぬるぬるとしたゼリー状物質に包まれており、この部分を切り取って食用にすることもあります。初夏から夏に変わった形をした茶色の花が咲きます。多年生で冬は枯れます。

3 コウホネ

Nuphar japonica
スイレン目スイレン科

園芸植物としても人気で品種も多い

黄緑色の半透明なレタスのような水中葉、濃い緑色の幅広の水上葉、そして「河骨」の名の由来となった太い根が特徴です。夏から秋に黄色い花が咲きます。多年生で、冬は水面上の葉は枯れますが、水中葉は残っています。

4 セキショウ

Acorus gramineus
ショウブ目ショウブ科

非常に丈夫で栽培しやすい

濃い緑色の細長くとがった葉、太い根が特徴です。渓流の水際などに群生します。夏から秋に味わい深い形の穂が出ます。多年生で冬も枯れることなく、一年中青々としています。アコルスという名前で園芸品種も売られています。

5 クロモ

Hydrilla verticillata
オモダカ目トチカガミ科

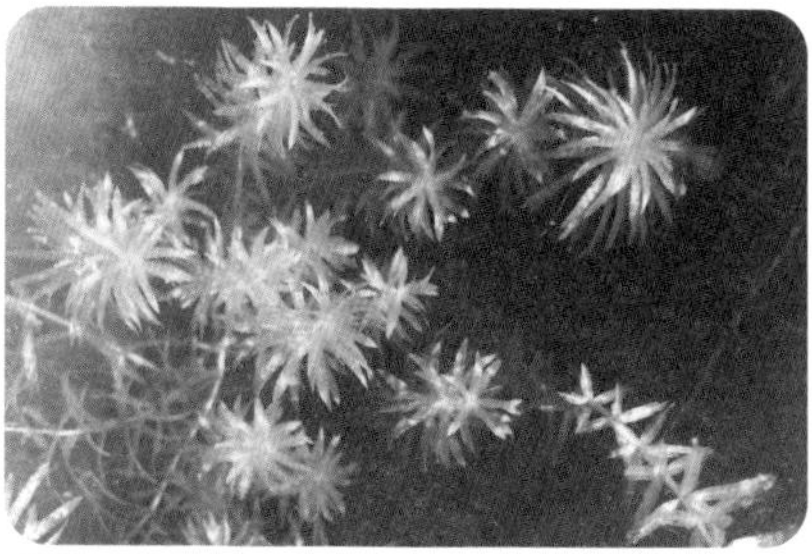

形態の変異が多く同定に迷う場合もある

やや暗い緑色で、8～20cmほどの長さの茎に5枚程度の葉が向き合った構造が連続するのが特徴です。夏から秋に白い花が咲きます。一年生で冬には枯れます。オオカナダモやコカナダモ、クロモモドキなど、よく似た外来種も多いです。

6 トチカガミ

Hydrocharis dubia
オモダカ目トチカガミ科

ビオトープでは増えすぎて困ることも

ハート型の光沢のある葉が特徴です。水面上に浮かび、一部の葉は水面上に立ち上がります。また葉の裏には浮きがあります。夏から秋に白い花が咲きます。匍匐根（ランナー）を伸ばして増えますが、一年生で冬には枯れます。名前は「スッポンの鏡」という意味です。

7 ミズオオバコ

Ottelia alismoides
オモダカ目トチカガミ科

各地で減少している水草の一つ

半透明の黄緑色の幅広い葉が特徴ですが、水質によってはかなり赤みを帯びます。また、大きさもかなり多様です。夏から秋にかけて白色から桃色の花が咲きます。一年生で冬には枯れます。食用として利用する地域も知られます。

8 コナギ

Monochoria vaginalis
ツユクサ目ミズアオイ科

キクモ（細かい葉）やイボクサ（細い葉）と繁茂する様子

濃い緑色の光沢のある卵型からハート型の葉が特徴です。生育の初期には細長い葉を水面に浮かべることもあります。夏から秋にかけて紫色の花が咲きます。一年生で冬には枯れます。近縁のミズアオイとは花の咲く位置で区別できます。

9 ハリイ

Eleocharis congesta
イネ目カヤツリグサ科

カヤツリグサ科は似た種が多く、同定がやや難しい

長さ6〜20cmほどの針状の葉をもち、株状になるのが特徴です。初夏から秋に葉の先端に卵型の穂をつけます。一年生もしくは多年生です。同じカヤツリグサ科のヌマハリイ、マツバイ、ホタルイ、カンガレイなどもビオトープでよく育ちます。

10 イグサ

Juncus decipiens
イネ目イグサ科

とても丈夫でビオトープでも育てやすい

長さ40〜100cmほどの長い針状の葉をもち、株状になるのが特徴です。春から秋にかけて葉の途中に小さな花を密に咲かせます。多年生で一年中枯れません。本種の改良品種が畳表に使われます。同じイグサ科のコウガイゼキショウもビオトープでよく育ちます。

11 ヨシ

Phragmites australis
イネ目イネ科

河口域から河川敷、ため池まで様々な環境で生育

アシとも呼ばれます。茎から細長くとがった葉を出し、高さ4mほどになる大型の植物です。ビオトープでは小さく育てると風情があります。夏から秋に穂を出します。多年生で冬は枯れます。スダレの素材など人の生活に密着してきた植物です。

12 マコモ

Zizania latifolia
イネ目イネ科

かつてはチマキを包む葉として用いられるなど身近な植物の一つ

根本から何枚もの細長い葉を出し、高さ3mほどになる大型の植物です。ビオトープでは小さく育てると風情があります。太い根を縦横無尽に張り巡らすので、適宜管理が必要です。夏から秋に40cmほどになる穂を出します。多年生で冬は枯れます。

13 ヒメガマ

Typha domingensis
イネ目ガマ科

近縁のガマやコガマとともになじみ深い湿地帯の風景をつくる

根本から何枚もの細長い葉を出し、高さ2mほどになる大型の植物です。夏に穂が出て、その後にできる果実期の穂は独特で風情があります。多年生で冬は枯れます。よく飛ぶ種子を大量につくるので、ビオトープに勝手にやってくることも多いです。

14 マツモ

Ceratophyllum demersum
マツモ目マツモ科

いわゆる金魚藻の一つとしても知られる

明るい緑色で、20〜80cmほどの長さの茎に5〜8枚程度の細い固い葉が向き合った構造が連続するのが特徴です。根がなく、浮いたり何かに引っ掛かったりしながら成長します。夏が開花期ですが、花が咲かないことも多いようです。多年生で冬も枯れません。

15 ミゾソバ

Persicaria thunbergii
ナデシコ目タデ科

溝に生え、ソバのような花が咲くことが名前の由来

鉾型の独特な葉が特徴で、高さ1mほどになります。夏から秋に先端が桃色の白い美しい花を咲かせます。一年生で冬は枯れます。日本本土の水田回りなどの湿った環境の代表種です。同じタデ科のヤナギタデやホソバノウナギツカミなどもビオトープでよく育ちます。

16 ヒシ

Trapa jeholensis
フトモモ目ミソハギ科

種子は食用にもなり色々と人との関わりが深い

「菱形」の名の由来ともなるぎざぎざの縁の葉を放射状に水面に広げます。葉の柄の部分には浮きがあります。夏に白い花を咲かせ、秋にトゲのある大きな種子をつくります。一年生で冬は枯れます。栄養豊富な環境を好み、ビオトープでの栽培はやや難しいです。

17 ミズユキノシタ

Ludwigia ovalis
フトモモ目アカバナ科

葉は互い違いにつく互生

長さ1～3cmほどの光沢のある丸い葉が特徴で、葉も茎も赤みがかっています。陸上でも水中でも育つことができます。初夏から秋に花が咲きますが、目立ちません。多年生で冬も完全には枯れずに生育しています。秋から冬は全体が真っ赤に紅葉します。

18 イヌタヌキモ

Utricularia australis
シソ目タヌキモ科

条件が合うとよく繁茂する

捕虫嚢《ほちゅうのう》を備えた細かく枝分かれした葉をつけます。この捕虫嚢でミジンコ類などを捕獲して栄養とする食虫植物です。根がなく、浮いたり何かに引っ掛かったりしながら成長します。夏に黄色い花が咲きますが、咲かない集団もあります。多年生で冬も枯れません。

19 キクモ

Limnophila sessiliflora
シソ目オオバコ科

水中葉から水上葉が連続した形で生育する株

水中葉は繊細で柔らかですが、水上葉は太くしっかりとしています。水位変動に応じて自在に水中葉と水上葉を切り替え、水生植物の魅力が詰まった種です。夏から秋に小さな桃色の花を咲かせます。秋には紅葉し赤くなります。多年生で冬も完全には枯れません。

20 ヒシモドキ

Trapella sinensis
シソ目オオバコ科

全国的に減少しておりなかなか出会えない水草の一つ

長く水中を伸びる一本の茎に、ハート型で縁がぎざぎざの葉を水面に浮かべ育ちます。夏に桃色の花が咲きますが、花が咲かずに種子だけをつくることも多いです。種子は他の植物などに絡まるような変わった形です。一年生で冬には枯れます。

21 アサザ

Nymphoides peltata
キク目ミツガシワ科

各地で保全活動などもされる有名な植物

円形で切れ込みのある、縁がやや波打った葉を水面に浮かべます。根は水中の土中に張り巡らされます。夏から秋に黄色い花が咲きますが、あまり咲かない集団もあるようです。多年生で、冬には勢いがなくなり葉は枯れたようになります。

22 ガガブタ

Nymphoides indica
キク目ミツガシワ科

名前の由来は「鏡蓋」から転じたものとされる

ハート型の葉を水面に浮かべ、葉の下から茎を伸ばして増えていきます。夏から秋に上品な白い花を咲かせます。また同時期から葉の下部の根が肥大・集合したバナナの房状の独特な「殖芽」という越冬用の器官を発達させます。多年生で冬には枯れます。

23 セリ

Oenanthe javanica
セリ目セリ科

独特な香りがあり食用としても用いられる

縁がぎざぎざした細い菱形の葉が特徴で、最大で高さ80cmほどになりますが、より小さい状態を見ることが多いです。夏から秋に白い花を咲かせます。多年生で冬も枯れません。春の七草の一つとしても知られ、日本本土の水田回りなどの湿った環境の代表種です。

24 ノチドメ

Hydrocotyle maritima
セリ目ウコギ科

ブラジルチドメグサ（P135）など似た外来種に注意

切れ込みのある縁がぎざぎざした丸い葉をもち、地面に張り付くようにして育ちます。湧水環境では水中でも生育します。夏から秋に小さな花が咲きますが目立ちません。日本本土の水田回りなどの湿った環境の代表種です。多年生で冬も枯れません。

入れる前にカクニン！

特定外来生物と飼育・栽培要注意な外来種

特定外来生物（P25）に指定されている動植物の飼育・栽培は外来生物法に基づき禁止されており、違反すると罰金・禁固刑もついてくる厳しいものになっています。誤って湿地帯ビオトープに導入しないよう注意が必要です。勝手に侵入した場合も飼育・栽培していることになってしまうので、生物の同定を常日頃からきちんと行うことが重要です。

また、法令で飼育・栽培を禁止されてはいないものの生態系への高い侵略性を有する生物もあります。これらは、湿地帯ビオトープで増殖して他地域に出て行かないよう、できれば飼育・栽培を控えるべき外来種です。

1 カダヤシ

Gambusia affinis
カダヤシ目カダヤシ科／40mm

禁止

カダヤシの雄（右）と雌（左）

尾鰭の後端が丸くなること、尻鰭の幅が狭いことでメダカとは容易に区別ができます。北アメリカ原産で、1970年代にボウフラ対策として国内各地に放流されました。卵ではなく仔魚を直接産むことから繁殖力が強く、各地でメダカを減らしたことが知られています。

2 ブルーギル

Lepomis macrochirus
スズキ目サンフィッシュ科／250mm

禁止

食べると美味

平たい体と横縞模様、鰓蓋《えらぶた》の青い部位が特徴です。北アメリカ原産で、1960年以降に食用あるいはオオクチバスの餌として国内各地に放流されました。雄が卵保護することから繁殖力が強く、水生植物や水生昆虫類、甲殻類、魚卵などを食べることが知られています。

3 ウシガエル

Lithobates catesbeianus
カエル目アカガエル科／180mm

禁止

食用ガエルとしても知られ、食べると美味

緑色みの強い顔と大きな鼓膜、斑模様が目立つ腹部が特徴です。北アメリカ原産で、1918年に食用として持ち込まれて広がりました。非常に大型になり4万粒もの卵を産み繁殖力が強く、水上でも水中でも捕食行動をとります。ビオトープにも侵入しやすい種です。

4 アゾラ・クリスタータ

Azolla cristata
サンショウモ目アカウキクサ科

禁止

アメリカオオアカウキクサとも呼ばれる

小型の浮遊性シダ植物で、鱗状の葉表面と発達した根毛が特徴です。寒い時期には赤くなります。アメリカ大陸が原産と考えられており、1990年代以降にアイガモ農法と共に広まりました。水面を覆い尽くして繁茂することから、水域の生態系に悪影響を与えます。

5 ボタンウキクサ

Pistia stratiotes
オモダカ目サトイモ科

禁止

ウォーターレタスとも呼ばれ以前はよく売られていた

浮遊性で、黄緑色の葉には細かい毛が生えていて水をはじきます。南アメリカ原産で、1920年代以降観賞用として持ち込まれて広がりました。水面を覆い尽くして繁茂するため、水域の生態系に悪影響を与えます。低温に弱く、定着地は西南日本や湧水池が中心です。

6 ナガエツルノゲイトウ

Alternanthera philoxeroides
ナデシコ目ヒユ科

禁止

観賞用水草業界でアルテルナンテラと呼ばれる仲間の一つ

茎は中空で水面や陸上を這い、細長い葉が特徴です。南アメリカ原産で、観賞用に持ち込まれたものが1990年代以降広がりました。水陸両用で水面を覆い尽くすほか、切れ端からも増えるなど生態系に悪影響を与えます。船の運航阻害を引き起こした例もあります。

7 オオバナミズキンバイ

Ludwigia grandiflora
フトモモ目アカバナ科

禁止

観賞用水草業界でルドウィジアと呼ばれる仲間の一つ

春から秋には黄色い花が咲きます。アメリカ大陸原産で、2007年に兵庫県で野生化が確認され、琵琶湖にも広がっています。観賞用に持ち込まれたものが遺棄されたと思われ、水際や水面で繁茂することから、今後広がることで生態系への悪影響が懸念される状況です。

8 ミズヒマワリ

Gymnocoronis spilanthoides
キク目キク科

禁止

白い花は色々な昆虫類を呼ぶ

夏から秋に白い花が咲きます。中央・南アメリカ原産で、2001年に愛知県で野生化が確認されました。観賞用に持ち込まれたものの遺棄や、チョウを呼ぶ花として植えられたことで広がったと考えられています。水面を覆い尽くして繁茂し、生態系に悪影響を与えます。

9 オオフサモ

Myriophyllum aquaticum
ユキノシタ目アリノトウグサ科

禁止

かつてパロットフェザーと呼ばれ観賞用水草の主役の一つ

独特の白みを帯びた緑色で、水上葉はよく水をはじきます。南アメリカ原産で、1920年頃に観賞用に持ち込まれて広がりました。今でも自宅等で栽培されているのを見かけることがあり、厳重な注意が必要です。在来のフサモ類に似ていますが、より太く大型です。

10 ブラジルチドメグサ

Hydrocotyle ranunculoides
セリ目ウコギ科

禁止

在来のチドメグサ類より明らかに大型で区別は容易

切れ込みのある円形の葉が特徴で、水際から水面に茎を伸ばしてよく繁茂します。南アメリカ原産で、1998年頃に熊本県で野生化が確認され、少しずつ広がっています。切れ端からも容易に増殖し、生態系影響に加えて治水への悪影響も懸念されています。

11 アメリカザリガニ

Procambarus clarkii
エビ目アメリカザリガニ科／150mm
注意

小型個体がニホンザリガニと間違われることも多い

2対の大きなハサミが特徴です。北アメリカ原産で、1927年にウシガエル養殖の餌として持ち込まれ各地に広がりました。特に水生植物への悪影響が知られます。2023年6月から条件付き特定外来生物に指定され、飼育は可能ですが売買や放流は禁止に。

12 スクミリンゴガイ

Pomacea canaliculata
リンゴガイ目リンゴガイ科／70mm
注意

寒さには弱く現在の分布は関東地方以南

2層目以降の螺塔が極端に低く、殻に赤褐色の帯模様があるのが特徴です。南アメリカ原産で1980年代に食用として持ち込まれ各地に広がりました。稲などの農作物や水生植物への悪影響が知られます。ピンク色の卵を水上に産むのも特徴です。別名ジャンボタニシ。

13 園芸スイレン

Nymphaea spp.
スイレン目スイレン科
注意

睡蓮鉢で管理して栽培することを徹底する必要がある

明瞭な切れ込みのある円形の葉を水面に浮かべ、太い根を水底に張り巡らせます。世界各地のスイレン類をかけ合わせて作出した園芸品種で、いずれも美しい花を観賞するものです。しかし、野生化して在来の水生植物に悪影響を与える事例が多く報告されています。

14 キショウブ

Iris pseudacorus
キジカクシ目アヤメ科
注意

近年では駆除活動なども行われている

春に美しい黄色い花が咲くことが特徴です。ユーラシア原産で、明治時代に観賞用として持ち込まれました。各地に植栽されましたが、在来アヤメ類との交雑や水際を覆い尽くすことによる生態系影響が明らかとなり、地域によっては栽培が規制されています。

15 ホテイアオイ

Eichhornia crassipes
ツユクサ目ミズアオイ科

注意

小型の株と大きく育った株

丸く膨らんだ浮き状の茎と光沢のある丸い葉が特徴です。暖かい時期には青紫の花が咲きます。南アメリカ原産で明治時代に観賞用として持ち込まれました。水面を覆い尽くして繁茂することで生態系に悪影響を与えるほか、沈んだ植物体が水質悪化の原因にもなります。

16 オオカナダモ

Egeria densa
オモダカ目トチカガミ科

注意

観賞用水草業界ではアナカリスとして知られる

濃い緑色で、茎に3〜5枚の葉が向き合ってつきます。南アメリカ原産で、大正時代頃に実験用として持ち込まれ広がりました。繁殖力が強く、一年中枯れずに水底を覆うことから、生態系へ悪影響を与えます。近縁なコカナダモも広く定着し、問題になっています。

17 オオバナイトタヌキモ

Utricularia gibba
シソ目タヌキモ科

注意

在来のイトタヌキモに似るが明らかに花が大きい

浅い水中をマット状に繁茂しながら広がるタヌキモ類で、春から秋に黄色い花が咲きます。原産地はよくわかっていませんが、観賞用として栽培されていたものが野外に遺棄され、各地で定着しています。在来のタヌキモ類との競合や水生昆虫類への悪影響が危惧されます。

18 ウチワゼニクサ（タテバチドメグサ）

Hydrocotyle verticillata
セリ目ウコギ科

注意

ウォーターマッシュルームという名前で売られていることも多い

円盤状で切れ込みのない葉が特徴です。北アメリカ原産で、観賞用に持ち込まれたものが2000年代以降各地で広がっています。陸地から水際にかけて繁茂し、1年間で5m以上伸びるという報告もあるなど繁殖力が強く、今後の生態系への悪影響が危惧されます。

生物をもっと理解するためのおすすめ図鑑集

湿地帯ビオトープを楽しむ以上は、そこに暮らす生物の名前がわかる方がより楽しいのは間違いありません。生物の名前を調べる作業を「同定」と言いますが、正確な同定のためには①大まかなグループ分けを正確に行うこと、②目↓科↓属と階層的（フォルダーファイル構造になっています）に知識を整理すること、③その地域やそのグループにどういう種類がいるのかという全体像を把握すること、が重要です。そのうえで候補種をしぼって、細かい特徴に注目して名前を調べていくのがよいでしょう。そこで湿地帯ビオトープの達人を目指すうえで必携の、おすすめの図鑑を紹介します。

文一総合出版

『ネイチャーガイド　日本のトンボ　改訂版』

尾園 暁・川島逸郎・二橋 亮／5,500円＋税

2022年出版の改訂第2版では日本産全205種を掲載。最新の科学的知見に基づいた解説、詳細な分布図、美しい生態写真、緻密な線画を組み合わせてトンボを理解することができます。

文一総合出版

『ヤゴ ハンドブック』

尾園 暁・川島逸郎・二橋 亮／1,600円＋税

トンボの幼虫であるヤゴに特化した図鑑で、代表的な121種を紹介。検索表や実物大ヤゴ一覧が便利です。ヤゴの同定に困ったら、まずはこの図鑑を見てみましょう。

文一総合出版

『ネイチャーガイド 日本の水生昆虫』

中島 淳・林 成多・石田和男・北野 忠・吉富博之／5,000円＋税

日本産真正水生昆虫（成虫・幼虫共に水生の種）の約95％にあたる485種・亜種を掲載。生時の写真を中心に紹介しています。巻末には絵解き検索もあり、全容の把握が可能です。

文一総合出版

『タガメ・ミズムシ・アメンボ ハンドブック』

三田村敏正・平澤 桂・吉井重幸／1,600円＋税

代表的な89種にしぼって紹介しています。生きた個体を白背景で様々な角度から紹介した画期的な図鑑。湿地帯ビオトープに現れるコミズムシやカタビロアメンボの同定には必須。

文一総合出版

『ゲンゴロウ・ガムシ・ミズスマシ ハンドブック』

三田村敏正・平澤 桂・吉井重幸／1,800円＋税

代表的な160種にしぼって紹介しています。生きた個体を白背景で様々な角度から紹介した画期的な図鑑。形をよく理解できます。あまり紹介されることがない幼虫の情報も豊富。

文一総合出版

『絵解きで調べる田んぼの生きもの』

向井康夫／900円＋税

水田で見られる大部分の水生動物が絵解き検索で示されており、大まかなグループ分けを理解するうえで最高におすすめです。湿地帯ビオトープ愛好者必携の書と言えます。

文一総合出版

『ネイチャーガイド日本の水草』

角野康郎／3,800円＋税

270種類もの水生植物が掲載された決定版です。基本的な知識や各種の区別点、実際の生え方を理解できるのはもちろんのこと、素敵なエコトーン写真が豊富なのも要注目です。

山と溪谷社

『くらべてわかる 淡水魚』

斉藤憲治・内山りゅう／1,600円＋税

身近な淡水魚にしぼって120種を紹介しています。白背景写真を中心に区別に力点を置いた内容で、分類に必要な「魚の形」に関する正しい知識を得ることができます。

山と溪谷社

『くらべてわかる カエル』

松橋利光／1,600円＋税

日本産のほぼ全種を掲載。写真が大きく余裕のあるレイアウト、わかりやすい解説でカエル成体やオタマジャクシ、さらには卵の区別に関する知識がするすると入ってきます。

謝辞

本書を執筆するにあたり多くの方にご協力いただきました。
ここに記して謝意を表します。（敬称略、アルファベット順）

制作協力

福田　宏、福岡県宗像・遠賀保健福祉環境事務所、平澤　桂、かれっくす、小林成彦、古賀絵美子（福岡市港湾空港局）、久保田潤一、まふゆのうじ、牧尾采音（北九州市環境局）、中島和彦、中島知子、中森健一、中村雅之（マリンワールド海の中道）、Nina、おうる、ポン氏、斉藤雄太、佐藤方博、司村宜祥、タだお、たいち、内山　香（東京都環境局）、上野由里代（北九州市立山田緑地）

写真協力

文一総合出版（本表紙：P138、139）、服部卓郎（タカブシギ：P97）、井上大輔（トノサマガエル：P91）、岩﨑朝生（良好な湿地：P103、104、キショウブ：P136）、かれっくす（クロモ：P128、ハリイ：P129、オオバナイトタヌキモ：P137）、川上洋一（風景・センブリ：P88、89）、北九州市立山田緑地（風景：P93）、小宮春平（良好な湿地：P103、104）、久保田潤一（シャジクモ：P87）、中島徳子（P140）、中村雅之（風景：P99）、尾園　暁（トンボ目：P107〜111）、須田真一（コラム写真：P56）、渡部晃平（ヒメイトアメンボ：P113）、北九州市響灘ビオトープ（風景・ベッコウトンボ：P91）、山と溪谷社（本表紙：P139）、横川昌史（オオバナミズキンバイ・ミズヒマワリ：P135）

著者が中学生の頃はじめてつくった湿地帯ビオトープ

参考文献

福田 宏（2021）「Biology and Evolution of the Mollusca で提唱された軟体動物の分類体系と和名の対応」Molluscan Diversity，6：89–180.

細谷和海・内山りゅう（2019）『増補改訂　日本の淡水魚』山と溪谷社，東京.

角野康郎（2014）『ネイチャーガイド　日本の水草』文一総合出版，東京.

河川法研究会（編）（2006）『改訂版〔逐条解説〕河川法解説』大成出版社，東京.

まふゆのうじ（2023）『ヒラマキガイだけハンドブック』自費出版.

増田 修・内山りゅう（2004）『日本産淡水貝類図鑑2　汽水域を含む全国の淡水貝類』ピーシーズ，東京.

松橋利光（2021）『くらべてわかる　カエル』山と溪谷社，東京.

宮下　直・西廣　淳（編）（2021）『人と生態系のダイナミクス5　河川の歴史と未来』朝倉書店，東京.

向井康夫（2014）『絵解きで調べる田んぼの生きもの』文一総合出版，東京.

中島 淳・林 成多・石田和男・北野 忠・吉富博之（2020）『ネイチャーガイド　日本の水生昆虫』文一総合出版，東京.

中島 淳・宮脇 崇（2021）『休耕田を掘削して造成した湿地ビオトープにおける水生生物相』応用生態工学，24：79–94.

大庭伸也（2011）『希少種を含む水生昆虫類に関する生態学的研究；捕食者ー被食者の関係から保全と応用を考える』環動昆，22：39–48.

尾園 暁・川島逸郎・二橋 亮（2021）『ネイチャーガイド　日本のトンボ　改訂版』文一総合出版，東京.

米倉浩司・梶田 忠（2003-）「BG Plants 和名ー学名インデックス（YList）」http://ylist.info（参照：2023年2月28日）

企画・取材・執筆・図原案作成をした人

中島 淳　なかじま・じゅん

福岡県保健環境研究所 専門研究員。博士（農学）。1977年、静岡県生まれ（東京都育ち）。九州大学大学院生物資源環境科学府博士後期課程修了。日本学術振興会特別研究員（九州大学工学研究院）などを経て、現職。専門は淡水魚類と水生甲虫類を対象とした生態学・分類学。2015年、日本魚類学会奨励賞受賞。幼少時から湿地帯生物の採集と観察を続けている。水辺の生き物観察会や講演会の講師などを行う傍ら、インターネット上では「オイカワ丸」名義で湿地帯生物の魅力や生物多様性保全の意義を発信中。著書に、『湿地帯中毒　身近な魚の自然史研究』（東海大学出版部）、『日本のドジョウ　形態・生態・文化と図鑑』（山と渓谷社）、『ネイチャーガイド日本の水生昆虫』（文一総合出版）など。

企画協力・作画（カバー、プロローグまんが、「最強ビオトープ」）をした人

大童澄瞳　おおわら・すみと

漫画家。1993年、神奈川県生まれ。高校では映画部に所属。東洋美術学校絵画科卒業後、独学でアニメーション制作を行う。その後、漫画を描き始め、2015年、コミティア111に出品。2016年、『月刊!スピリッツ』連載「映像研には手を出すな！」でデビュー。翌年、同作で「ブロスコミックアワード2017」大賞を受賞し、2020年にはシリーズ累計100万部を突破。アニメ化・実写ドラマ化もされた。2021年リリースの乃木坂46「僕は僕を好きになる」アニメ版MVでは監督、ストーリー、絵コンテ、原画を担当した。自宅の庭のビオトープづくりを熱心におこなっている。

ブックデザイン・図案&イラスト作成をした人

トガシユウスケ

グラフィックデザイナー・イラストレーター。1986年、山形県生まれ。東北芸術工科大学デザイン工学部でグラフィックデザインを学んだのち、エディトリアルデザイン事務所に勤務。その後独立。自然に関わる書籍・雑誌、パッケージデザインや装画・挿絵などを手がける。代表作に、ブックデザイン／『東京都のトンボ』（いかだ社）、パッケージイラスト／タガメサイダー（TAKEO）、装画／『クモの奇妙な世界』（家の光協会）、『昆虫の惑星』（辰巳出版）、付録ポスターイラスト、トンボ章 撮影・執筆／『学研の図鑑LIVE 新版 昆虫』（学研）など。身近な昆虫達の魅力を普及すべく、イラストグッズも展開している。

大童《おおわら》 澄瞳《すみと》
1993年生まれ
自然はあまりない住宅街に住んでいたが川や森で遊び育った。
父や祖母の影響で庭仕事が一通りできる。
生物のTVが好きな子供でいつも水辺をのぞきこんでいた
この本の表紙を描いた漫画家
ある日親族から家と土地を守るよう仰せつかる2016年
庭にいる生物
・トカゲ・カナヘビ・ダンゴムシ・ナメクジ
・ハナムグリ・カマキリ・アオバアリガタハネカクシ
・カタツムリ
・アシナガバチ
・ハナアブ
・ヒトスジシマカ
etc…
今まで家賃2万5千円の市営団地に住んでいた。
まじか庭だ
2017年〜18年
庭にカエルが2種類いた!!
ヤマアカガエル
アズマヒキガエル
(ネットで調べたり、ツイッターで質問したりした)
この庭スゲー!! やったぜ
2019年ごろ
近所にあった大きな池のある庭が取り壊される
え!!
マジかよ!!
カッコイイ
かなしい
周りの林等もどんどん宅地開発されていく
うちのカエルもやばい!!
池を作らねば!!
3つくらい池を作った。
庭のカエルは陸で生きる種だが、
水場が無いと産卵できない
特に住宅街では珍しいヤマアカガエルは、うちの庭以外では生き残っていないだろうと思われた。

自宅で湿地帯ビオトープ!

生物多様性を守る水辺づくり

中島 淳 著
大童澄瞳 画

大和書房